집에서 기르는 야생화

집에서 기르는 야생화

초판 1쇄 발행 | 2010년 2월 25일
초판 2쇄 발행 | 2010년 12월 3일

글·그림 | 강은희
사진 | 김태정
펴낸이 | 조미현

출력 | (주)한국커뮤니케이션
인쇄 | 천일문화사
제책 | 쌍용제책사
디자인 | 씨오디

펴낸곳 | (주)현암사
등록 | 1951년 12월 24일 · 제10-126호
주소 | 121-841 서울시 마포구 서교동 442-46
전화 | 365-5051 · 팩스 | 313-2729
전자우편 | editor@hyeonamsa.com
홈페이지 | www.hyeonamsa.com

글·그림 ⓒ 강은희 2010
사진 ⓒ 김태정 2010

*잘못된 책은 바꾸어 드립니다.
*지은이와 협의하여 인지를 생략합니다.

ISBN 978-89-323-1539-3 03480

이 도서의 국립중앙도서관 출판시도서목록(CIP)은
e-CIP 홈페이지(http://www.nl.go.kr/ecip)에서 이용하실 수 있습니다.
(CIP제어번호 : CIP2010000304)

집에서 기르는 야생화

글·그림 강은희　사진 김태정

현암사

| 머리말 |

봄 햇살 속에서 손바닥 위에 올려진 씨앗들을 찬찬히 들여다볼 때, 그리고 그 씨앗 위에 고운 흙을 덮고 물을 준 다음 봄비가 촉촉이 내리기를 기다리는 오후, '새싹은 언제쯤 돋아날까?' 하는 기다림과 걱정이 빈 껍질을 모자처럼 뒤집어쓰고 올라오는 어린 새싹들을 보는 순간 환희로 바뀌고 세상을 다 얻은 것처럼 행복합니다.

그러나 매일매일 물을 주고 바람과 햇빛을 쐬어 주어야 하며 더위를 피하게 하고 겨울잠을 재워야 하며 나들이도 마음대로 하지 못하는 등 일상이 힘들어지기도 하는 것이 식물을 기르는 일이기도 합니다. 감격에 겨웠던 일도 일상이 되면 무덤덤해지기 마련이지요. 추운 겨울 기르던 식물들에 대해 잠깐 잊어버리고 지내다가 봄이 되어 우연히 쑥쑥 솟아오른 새싹들을 보았을 때, 작년엔 아주 작고 가녀렸던 것이 올해는 꽃눈을 많이 만든 큰 '포기'가 된 것을 보았을 때 아마도 어떤 전율 같은 것이 핏줄 속으로 찌르르 흐를지도 모릅니다.

제 몸을 두세 갈래로 나누어도 아무렇지도 않은 생명, 갈라 심어 주면 이듬해 다시 그만한 크기로 되돌아오는 생명, 해마다 수많은 생명(씨앗)을 바람에 날려 보내는 모습들을 보게 되면 이런 경이로움을 가진 생명과 만날 수 있게 된 행운에 감격해하고 '꽃은 주인을 기다렸다가 핀다.'라는 말에 절로 고개가 끄덕여질 만큼 교감을 나누는 사이로 발전하게 될 것입니다.

식물의 이름을 외우고 생김새를 식별해 내고 사진을 찍고 그림을 그리는 것도 즐거운 일이지만 식물이 살아 있지 않다면 이것들은 우리가 누릴 수 없는 즐거움들입니다. 식물을 길러 씨앗을 퍼뜨리는 일은 식물의 아름다움을 찬미하는 것만큼이나 귀하고 소중한 일입니다.

이 귀하고 소중한 일상 속에 깃들였던 즐거움들을 책 속에 제대로 살려내지 못한 점과 미숙한 그림 솜씨 때문에 내용을 좀 더 간결하고 알아보기 쉽게 표현해 내지 못한 점이 아쉬움으로 남습니다. 그러나 이 무미건조한 문장과 어설픈 그림을 통해서 누군가가 꽃 한 송이가 만들어 내는 씨앗들을 생각해 볼 수 있기를, 그 씨앗들이 다시 아름다운 꽃으로 피어나는 즐거움을 만날 수 있는 계기가 되기를 바랍니다.

『쉽게 키우는 야생화 - 봄』, 『쉽게 키우는 야생화 - 여름·가을』을 구입하여 주시고 여러 의견을 이야기해 주신 독자 여러분과 두 권의 책을 다시 업그레이드할 수 있는 기회를 주신 (주)현암사의 조미현 사장님과 직원 여러분께 감사드립니다.

2010년 2월
지은이 김태정, 강은희

| 차례 |

머리말 … 4

일러두기 … 10

야생화를 기르기 전에 알아 두어야 할 것들 … 11

봄

노루귀 … 56

돌단풍 … 59

봄맞이 … 62

솜나물 … 65

은방울꽃 … 67

둥굴레 … 70

산마늘 … 72

백작약 … 74

홀아비꽃대 … 76

애기봄맞이꽃 … 78

큰애기나리 … 81

큰천남성 … 83

석곡 … 85

초롱꽃 … 88

꽈리 … 91

꽃장포(돌창포) … 94

흰양귀비 … 96
복수초 … 98
삼지구엽초 … 100
제주양지꽃 … 103
민들레 … 105
피나물 … 108
솜방망이 … 111
미나리아재비 … 113
큰꽃으아리 … 115
애기기린초 … 119
가락지나물 … 121
땅채송화 … 123
말똥비름 … 125
들현호색 … 127
앵초 … 129
금낭화 … 132
자란 … 135
자운영 … 138

갯장구채 … 140
할미꽃 … 142
새우난초 … 145
쥐오줌풀 … 148
매발톱꽃 … 150
족도리풀 … 153
연잎꿩의다리 … 155
뻐꾹채 … 157
엉겅퀴 … 159
각시붓꽃 … 161
깽깽이풀 … 163
조개나물 … 166
큰개불알풀 … 168
참꽃마리 … 170
제비꽃 … 172
구슬봉이 … 175
붓꽃 … 177
꿀풀 … 179

여름

자금우 … 182
배풍등 … 184
어수리 … 186
까치수염 … 188
흰꽃장구채 … 190
왜솜다리 … 192
단풍취 … 195
물레나물 … 197
해란초 … 199
벌노랑이 … 201
나리 심는 법 … 203
하늘말나리 … 206
털중나리 … 208
참나리 … 210
섬백리향 … 212
타래난초 … 215

범부채 … 218
패랭이꽃 … 220
제비동자꽃 … 222
이질풀 … 225
무릇 … 227
더덕 … 230
금강아지풀 … 232
비비추 … 234
등심붓꽃 … 236
닭의장풀 … 238
용머리 … 240
벌개미취 … 242
활나물 … 244
수크령 … 247
숫잔대 … 249

가을

바위솔 … 254
구절초 … 257
감국 … 259
털머위 … 261
둥근바위솔 … 263
바늘꽃 … 265
기생여뀌 … 267
자주꿩의비름 … 269

둥근잎꿩의비름 … 272
꽃향유 … 275
한라부추 … 277
층꽃나무 … 280
쓴풀 … 283
용담 … 285
해국 … 288

늘푸른잎

석위 … 292
부처손 … 294

콩짜개덩굴 … 297

용어풀이 … 299
찾아보기 … 300

일러두기

1. 식물의 과명, 학명, 국명 모두 국가표준식물목록(Korean Plant Names Index; http://www.koreaplants.go.kr:9101)에 준하여 표기하였다.

2. 그림은 식물학적으로 정확하게 그린 것(세밀화)이 아니고 식물 기르기에 입문하는 사람의 이해를 돕는 데 초점을 맞추었다.

3. 우리나라의 취미원예가들은 대부분 유약을 바른 화장분이나 플라스틱분을 사용하므로 심는 흙은 이 화분들에 적합한 상태의 흙인 보습력이 약한 마사토를 중심으로 기술하였다.

4. 표 읽기

🥚	구슬 눈(珠芽)	⋯	씨가 익는다(結實)
🌱	(어미포기에서) 새싹이 난다(出芽)	⋯	씨를 뿌린다(播種)
🌿	(씨에서) 싹이 튼다(發芽)	🪴	늘리기(增殖) −포기나누기, 분갈이, 옮겨심기 등
💧	잠들다, 쉬다(休眠)	●	거름을 준다(施肥)
	줄기나 눈이 땅 위에서 겨울을 나며 쉬다	🍃	잎과 줄기가 시든다(枯死)
	식물체가 땅 위에서 겨울을 나며 쉬다	☐	햇빛(陽地)
🌿	잎과 줄기가 자란다(生長)	◤	반그늘(半陰地)
🌸	꽃이 핀다(開花)	◼	그늘(陰地)

5. 표에서 씨로 번식하지 않는 경우, 햇볕이 잘 드는 곳에서 자라는 식물인 경우는 '씨', '두는 곳'의 해당 칸을 생략하였다. 또한 '어미포기', '늘리기'에 해당하는 내용이 없는 경우에도 해당 칸을 생략하였다.

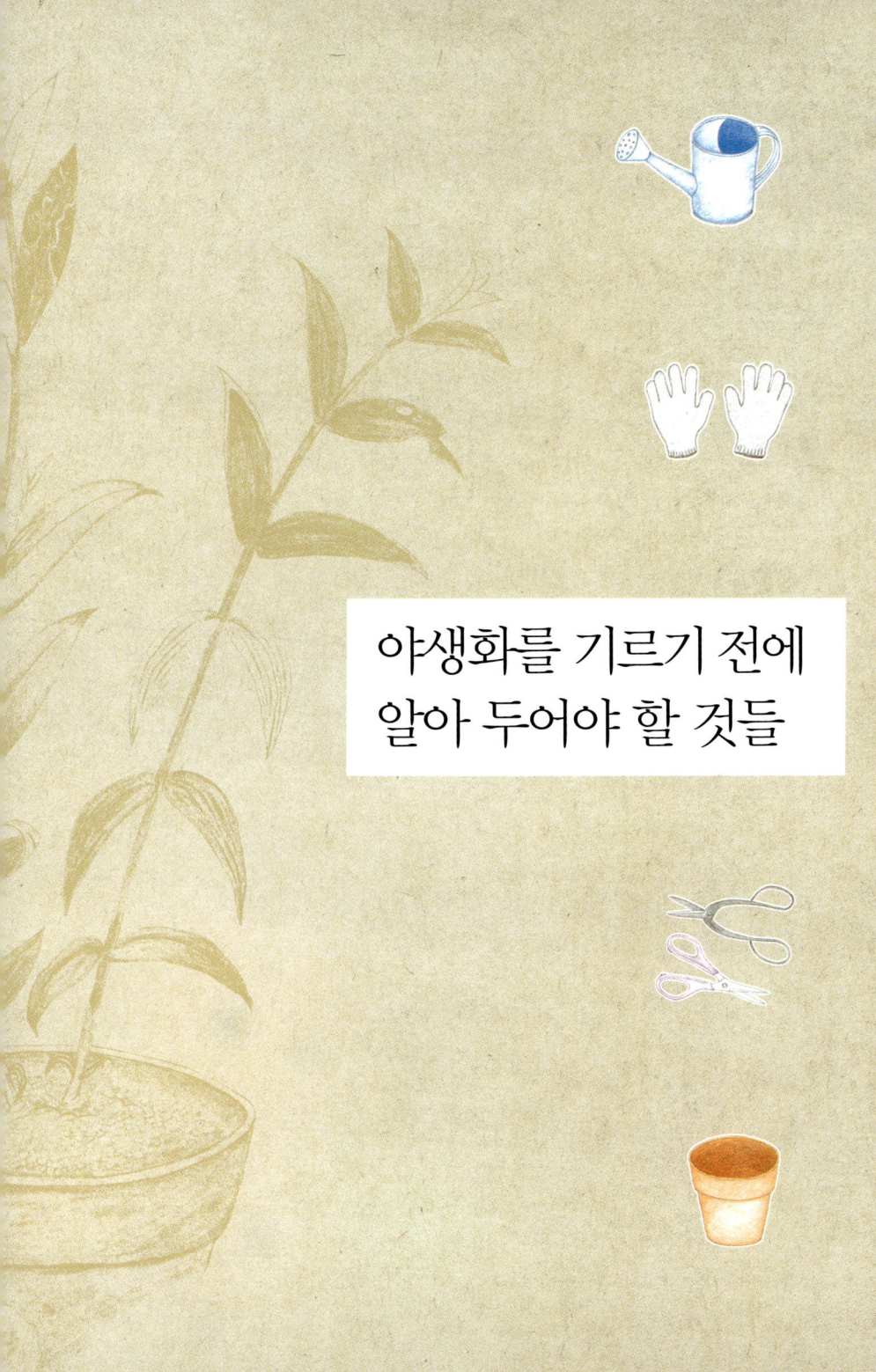

야생화를 기르기 전에 알아 두어야 할 것들

1. 자생지 알아보기

첫걸음

식물원에서 또는 식물도감을 보다가 마음에 쏙 드는 야생화를 보는 경우가 있다. 꼭 길러 보고 싶은데, 꽃집에서는 팔지 않는 것 같고…… 이리저리 궁리해 보지만 좋은 방법이 떠오르질 않는다. 산에 가서 몰래 캐 올까? 그러나 이는 산림절도죄에 속하는 일로 두고두고 마음이 편치 않을 것이고, 자칫하면 귀한 생명 하나를 죽이는 일이 된다. 마음에 드는 식물이 그 지역의 독특한 환경에 적응하여 살고 있는 희귀식물이라면 더 큰 일이다.

산에서 내려와 살아가야 할 생태환경을 고려하지 않고 덥석 가져온 희귀식물이 죽어 버린다면? 가져온 사람은 지구상에 어렵게 살아남아 있는 식물종 하나를 멸종시키는 데 일조한 것이 된다. 너무 심각한가? 그렇지만 이것이 현실이다. 지금도 여기저기에서 벌어지고 있는 일이다. 굳이 내 곁에 둘 수 없는 희귀식물에 욕심을 부리지 말고, 주위에서 쉽게 볼 수 있는 익숙한 식물들을 골라 보자. 늘 보던 식물들도 새로운 눈으로 바라보면 이곳저곳에 숨겨진 매력이 아주 많은 법이다. 그럼 이제부터 야생화는 어떤 곳에서 자라는지 알아보도록 하자. 자생지 환경을 이해하는 것은 야생화를 잘 기르는 첫 번째 방법이다.

야생화가 자라는 곳

바위와 모래, 자갈이 많은 곳

일 년 내내 뜨거운 햇볕이 내리쬐는 곳이다. 세찬 바람도 피할 수 없고 쏟아지는 비도 고스란히 맞아야 한다. 이런 곳에서 자라는 야생화는 물이 고여 있는 것을 싫어한다. 바위와 모래, 자갈이 많은 땅은 비가 내려도 물이 즉시 빠진다.

밝은 그늘이 생기는 잎이 지는 나무 숲

근처에 물이 흐르는 계곡이나 도랑이 있어 공중습도가 높다. 가을에 나무의 잎이 모두 떨어지므로 늦가을부터 이른 봄 사이에는 종일 햇빛이 들고, 꽃눈들은 떨어져 쌓인 두툼한 낙엽더미 속에서 겨울을 난다. 눈이 녹기 시작하면 야생화가 낙엽을 헤치고 꽃을 피우기 시작하여 나무에 새잎이 돋아날 무렵엔 절정을 이루게 된다. 이른 봄에 큰 무리를 지어 피는 봄꽃들은 대부분 잎이 지는 나무 숲 아래에서 꽃을 피우고 짙은 그늘이 생기는 시원한 숲에서 여름을 난다.

햇빛이 잘 드는 풀밭

햇빛을 가리는 큰 나무가 거의 없고 사방이 트여 있어 바람이 잘 통하며, 늦가을부터 이른 봄 사이에는 마른 풀잎만 있어 종일 햇빛이 드는 곳이다. 5월부터 풀이 우거지기 시작하면 야생화의 뿌리와 줄기 아랫부분에는 그늘이 만들어지고 줄기 윗부분은 햇빛을 충분히 받게 된다.

어두운 숲 속

늘푸른잎을 가진 나무들이 우거져 한낮에도 왠지 으스스하다. 나무 위에서 햇빛이 쨍쨍 내리쬐도 늘 컴컴하고 습도는 아주 높다. 대개 생김새가 독특하고 조형미가 빼어나지만 기르기는 까다로운 식물들이 이런 곳을 좋아한다.

논두렁, 질퍽한 습지, 물속

질퍽한 흙이나 물속에 뿌리를 내리고 봄부터 가을까지 꽃, 잎, 줄기의 일부분에 햇빛을 충분히 받으며 살고 있는 야생화도 있다. 이들은 습기가 많은 것을 좋아하며 고온다습한 환경에 잘 적응한다.

2. 모종 구입

어디에 둘 것인가?

식물도감을 읽어 보니 마음에 쏙 드는 예쁜 야생화는 생태습성이 까다로워 기르기 어려울 것 같아 보인다. 하지만 꼭 그렇지도 않다. 야생화를 기르는 것도 악기의 연주법을 배우는 것처럼 차근차근 기초를 배우며 이해과정을 거치게 되면 그다지 어렵지 않다. 그리고 이런 과정을 거치는 동안 예쁘고 고급스러워 보이는 것에만 관심을 가지던 초급과정을 벗어나 아름다움을 보는 기준이 바뀌고 생태계를 이해하게 되는 중급과정을 거쳐 나중에는 식물의 삶 자체를 사랑하고 아끼는 고급과정으로 발전하게 된다. 그러나 발전의 과정은 늘 기본을 지키는 자세와 참고 기다리는 노력이 함께하는 고달픈 여정이다. 그래도 야생화는 이 고달픈 여정을 달콤한 일상으로 바꿔 주는 크나큰 매력을 갖고 있다. 풋풋한 아름다움과 심오한 멋을 함께 갖추고 있기 때문이다.

햇빛과 물, 깨끗하게 분해된 무기물만을 흡수하고 사는 고아한 자태의 생명체와 함께 살려면 먼저 이들이 살아갈 장소를 살펴보아야 한다. 우리의 주택은 아파트(아파트와 구조가 비슷한 여러 종류의 주택을 모두 포함)와 단독주택으로 나누어진다. 내가 데려와서 함께 살게 될 야생화가 놓일 곳은 어디인가? 꽃시장에 발걸음하기 전에 다시 한 번 살펴보고 출발한다.

나의 현재 상황에 맞는 종류를 고른다

정원에 심을지 화분에 심어 베란다에 둘지부터 결정한다. 이제 꽃시장이나 야생화 재배농장으로 간다. 이미 결정을 하고 왔지만 막상 꽃들을 보자 다시 마음이 흔들린다. 아주 예쁘긴 하지만 기르기엔 좀 까다로워 보이는 야생화가 있는데 유감스럽게도 그걸 기르고 싶다. 값도 제일 비싼데 마음이 자꾸 그쪽으로만 쏠린다. 저걸 가져다 놓으면 집안 분위기가 확 바뀔 것만 같다. 그러나 침착하자! 지금 만일 하루하루가 어떻게 지나고 있는지 모를 만큼 바쁜 일상을 보내고 있다면 손길이 많이 가고 가꾸기가 까다로운 것은 일단 피한다. 어느 날 우연히 한가로운 시간이 주어져, 잔잔한 감동을 느끼며 정성껏 손질해 줄 때까지 적당한 햇빛과 적당한 물만으로도 혼자 야무지게 살아가는 야생화가 바쁜 사람들에게 어울리는 동지이다. "식물에게까지 내 능력의 한계를 보여 주는 것이 기분 나빠!" 하는 사람도 있을 테지만 이 여린 생명은 고르는 사람의 능력보다는 사랑을 훨씬 더 소중히 여긴다. 블로그에 잘 기른 멋진 야생화 사진을 열심히 올리는 사람이라면 손길이 많이 가는 야생화도 거뜬히 기를 수 있다.

고르는 방법

봄에 꽃이 피는 야생화는 봄에 고르는 것이 좋다. 여름과 가을도 마찬가지이다. 꽃이 한두 송이 피어 있고 싱싱한 꽃봉오리가 몇 개 달려 있으며(줄기 끝에서 한두 송이 피는 종류는 꽃봉오리가 부풀어 있거나 막 피려는 상태) 잎과 줄기에 흠집이 없는 것을 고른다. 꽃집 주인 몰래 손가락으로 화분 속의 흙을 파내며 뿌리상태를 확인하기도 하는데, 대개 뿌리가 좋으면 꽃과 잎이 싱싱하다. 그래도 꼭 확인해 보고 싶다면 꽃집 주인에게 부탁한다. 탐스러운 새 뿌리가 화분 속에 가득 차 있다면 좋은 상태이다. 음지식물이 아닌데도 줄기와 잎이 느슨하게 늘어지고 연약해 보이는 것은 고르지 않는다. 오랫동안 그늘에 두어 조금 약해져 있는 것이다. 또 화분에 심은 식물과 흙이 따로 움직이면 아직 뿌리가 제대로 내리지 않은 것이므로 피한다. 정원을 가꾸는 사람들은 겨울 추위에 강하고 장마철 폭우에도 잘 견디는 야생화를 고르는 것이 좋다.

3. 야생화 심기

갖추어야 할 기본도구

야생화를 기르는 데도 다른 취미생활과 마찬가지로 갖추어야 할 기본도구들이 있다. 야생화를 기르기 시작하면 그 전에는 눈여겨보지 않았던 것들이 새롭게 눈에 들어오게 된다. 원예용품점에 들르면 그동안 무심히 지나쳤던 플랜터나 고추 모종을 심은 비닐화분에 눈이 가고, 그냥 주어도 쓸데가 없었던 전정가위가 새롭게 보일 뿐만 아니라 그 가위가 좋은 쇠로 만들어진 것이라면 덩달아 숫돌까지 탐이 난다.

처음 만난 야생화의 세계는 마치 20세기 이전으로 돌아간 듯한 착각을 불러일으키기도 하지만 틀림없이 집안 어딘가가 몹시 아늑해졌다는 느낌이 들게 한다. 이렇듯 야생화를 기르기 시작하면서 원예도구와의 만남이 자연스럽게 이루어지는데, 처음부터 도구를 모두 구입할 필요는 없다. 손가락 끝으로 흙이 주는 느낌을 맛보고 떨리는 손으로 처음 분갈이를 해 보면서 내게 필요한 것들을 하나하나 구입해 나가는 것이 좋다.

물뿌리개

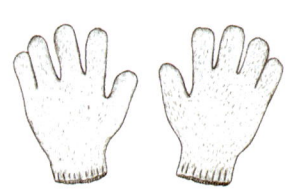

면장갑

세지가위

가느다란 가지, 시든 꽃, 마른 잎, 잔뿌리 등을 다듬는 데 사용한다. 눈을 나누거나 열매가 달린 짧은 줄기를 자르는 데도 필요하다. 화분에 가꾸는 야생화는 대체로 몸집이 작아서 세심하게 다루어야 하는데 이때 꼭 필요한 것이 세지가위이다. 가윗날이 얇고 끝이 뾰족하며, 가벼우면서도 엄지와 검지 사이에 가위고리를 끼워 보았을 때 손에 딱 맞는 느낌이 드는 것을 고른다.

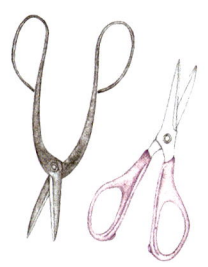

전정가위

정원에서 가꾸는 야생화를 손질할 때 많이 쓰는 가위이다. 굵고 단단한 줄기나 크고 더부룩하게 자란 포기, 마구 엉켜 있는 묵은 뿌리를 잘라 낼 때 편리하다. 역시 손으로 잡아보아 손에 딱 맞는 느낌이 드는 것을 고른다.

이름표

구입한 식물의 이름이나 씨앗을 뿌린 날, 꺾꽂이를 한 날 등을 간단히 기록할 때 필요하다. 기록할 때는 유성 펜을 사용해야 물이나 햇빛에 잘 지워지지 않는다.

식물일기

쑥스럽게 무슨~ 또는 촌스럽게 무슨~ 이렇게 말하는 사람도 있겠지만 식물을 기르는 일은 기록의 연속이기도 하다. 야생화가 겨울잠을 자느라 한가해진 겨울

날 아침이나 저녁에 3년 전 또는 5년 전에 기록해 둔 것을 찾아 읽어 보자. 이런 것도 있었나? 하고 깜짝 놀라거나 이미 경험했지만 그때는 무심하게 넘겼던 것을 새삼스럽게 깨닫게 되기도 한다. 나중에는 이 소중한 자료를 여러 사람들과 공유할 수도 있다.

흙을 섞는 도구

씨뿌리기, 분갈이, 꺾꽂이, 포기나누기 등을 할 때는 흙이 있어야 한다. 야생화를 기르다 보면 더 좋은 흙을 만들기 위해 나의 경험과 주변 사람들의 경험을 모두 모아 여러 가지 흙을 혼합해 보게 된다. 주변 사람들은 도저히 이해할 수 없겠지만 야생화를 기르는 사람에겐 새로운 흙을 만드는 이 시간이 더없이 행복하다. 흙을 섞을 때는 비닐을 적당한 크기로 잘라 시트로 쓰거나 원예용품점에서 흙을 섞는 통을 사서 쓴다. 주변에 있는 플라스틱 재질의 크고 넓은 물통 뚜껑을 사용할 수도 있다. 선택은 자유이다. 가장 편한 도구를 골라 자유롭게 쓰되, 가볍고 튼튼해서 청소하기 쉽고 햇빛에 소독하기 좋은 것을 고르기를 권한다.

분무기

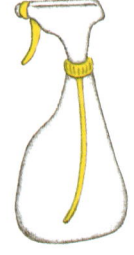
아파트 베란다 앞으로 큰 소리를 내며 흐르는 넓은 계곡이 있지 않는 한 베란다는 대체로 지나치게 건조하다. 돌붙임(석부작) 등을 한 분경작품이나 어린 모종을 기르는 화분이 많아 물뿌리개에서 쏟아지는 세찬 물보다는 고운 물줄기가 필요할 때, 화장토(化粧土:화분 맨 위를 덮은 겉흙. 대체로 크기가 아주 작고 고운 돌조각으

로, 식물을 심은 다음 마지막으로 마무리하는 흙을 가리킴)를 천천히 적셔 화분 속의 흙을 촉촉하게 할 때, 씨뿌림상자나 화분의 가장자리가 먼저 마를 때, 아주 작은 씨를 뿌린 화분에 물을 줄 때, 잎에 수분을 공급해 주거나 먼지를 씻어 낼 때, 물을 섞어 묽게 만든 비료를 줄 때 사용하면 편리하다. 식물의 크기와 화분의 양, 환경(건조한 공기, 먼지 등)에 따라 적당한 크기의 분무기를 구입한다. 단지 몇 개의 화분만 가지고 있다면 주변의 생활용품 가운데 스프레이 기능을 가진 것을 활용해도 좋다.

체 또는 바구니

새로 산 마사토나 인공배양토에는 흙가루가 섞여 있다. 흙가루를 걸러내지 않고 바로 심게 되면 화분의 물구멍이 막혀 물빠짐이 나빠지고 식물의 뿌리가 신선한 공기를 마시지 못해 쭉쭉 벋기 힘들어진다. 또 새로 산 마사토나 인공배양토는 건조한 상태이므로 흙먼지가 아주 많다. 이 흙먼지를 없애지 않으면 심을 때 들이마시게 된다.

바구니나 체는 눈이 성긴 것부터 촘촘한 것까지 대략 3가지 종류를 준비하여 흙 알갱이의 크기별로 나누어 쓰면 편리하다. 바구니나 체에 새로 산 흙을 담고 흐르는 물에 샤워하듯 씻어 준다. 이때 흘러나온 흙가루로 하수구가 막히지 않도록 주의한다.

씨 고르는 체

흙을 담아 손질하는 커다란 체나 바구니가 아닌, 주방에서 쓸 수 있을 만한 크기의 조그마한 체를 갖추어 놓으면 씨를 손질할 때 한결 수월하다.

작은 체도 눈의 크기별로 서너 개쯤 갖추어 놓고 잡티와 쭉정이, 벌레알 등을 골라내는 데 쓰면 좋다.

분망

화분 바닥의 물구멍을 막는 망이다. 원예용품점에서 필요한 양을 구입하여 화분 구멍과 화분 바닥의 넓이에 맞추어 잘라 쓴다. 분망을 깔지 않으면 흙이 물구멍 밖으로 빠져나갈 뿐만 아니라 식물의 뿌리도 안정감 있게 자라지 못할 수 있다.

모종삽

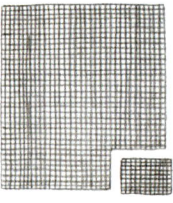

흙을 파서 일구거나 새로 섞을 때, 모종을 옮길 때, 화분에 흙을 새로 채워 넣을 때, 화분의 겉흙이나 정원에 덧거름으로 퇴비를 줄 때 사용한다. 식물을 가꾸는 사람은 누구나 하나쯤은 가지고 있다. 폭이 넓고 큰 것부터 폭이 좁고 작은 것까지 다양한 종류의 삽이 있으므로 쓰임새에 따라 골라 쓴다. 작은 모종삽 대용품으로 플라스틱 숟가락을 쓸 수도 있다.

손갈퀴

폭이 좁고 발이 가늘며 부드러운 것은 엉킨 뿌리를 풀 때 쓰고, 폭이 넓고 발이 굵은 것은 화분의 굳은 흙을 파낼 때나 밭에 씨앗을 뿌릴 때(줄뿌리기), 정원의 흙을 정리할 때 쓰면 편리하다. 작은 손갈퀴 대용품으로 포크를 쓸 수도 있다.

화분

원예가에게 화분은 꼭 필요하다. 식물을 심을 때, 씨앗을 뿌리거나 꺾꽂이를 할 때 화분이 없다면 정말 불편할 것이다. 특히 아주 적은 양의 모종을 기를 때 굳이 커다란 플랜터나 씨뿌림상자를 쓸 필요가 없다. 적당한 크기의 예쁜 화분을 구해서 씨앗을 뿌리면 싹이 텄을 때 햇빛 아래서 초록으로 반짝이는 귀여운 새싹들만으로도 베란다가 사랑스러워진다.

물주기를 좋아하고 정감 있고 세련된 정원을 원한다면 질그릇분(토분)이 적격이다. 질그릇분은 물이 너무 빨리 마르고 잘 깨지는 것이 흠이지만, 흡수가 빠르고 맑은 공기가 드나들 수 있어 좋으며, 색과 모양이 식물의 초록색과 어울려 원예가에게는 영원한 마스터피스(masterpiece)이다. 식물을 기르는 용도로 쓰지 않아도 질그릇분 특유의 멋이 정원을 한결 따사롭고 세련되게 연출해 준다. 수십 년이 훌쩍 넘은 질그릇분을 죽 늘어놓고 씨를 뿌리는 봄날 하루를 상상해 보는 것만으로도 마음이 절로 따뜻해진다.

모종분

고추모종이나 상추모종을 사서 길러 본 사람은 조그만 플라스틱 분 속에서 식물들이 어떻게 뿌리를 내리고 잎사귀를 늘리는지, 그리고 꽃봉오리를 달게 되는지 신기해할 만큼 모종용 분은 크기가 작다. 그러나 이 조그만 모종용 분은 의외로 새것을 구하기가 어렵다. 커다란 상자 속에 수백 개씩 담겨 재배전문농장으로 팔리기 때문이다. 야채모종을 옮겨 심은 다음 이 작은 플라스틱 분을 버리지 말고 깨끗이 닦아 두었다가 모종용 분으로 쓰면 편리하다. 모종을 옮겨 심을 때 입지름 9cm의 분도 모종의 크기에 비해 엄청나게 크다는 것을 알게 된다.

그때 9cm 분보다 조금 작은 모종용 분이 유용하게 쓰인다. 처음에는 보기 싫을지 몰라도 쓰다 보면 편리함을 인정하게 되고 크기가 작아 눈에 크게 거슬리지도 않게 된다.

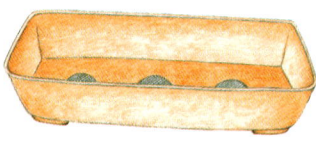

플랜터

플랜터는 플라스틱 소재로 만든 직사각형 모양의 화분이다. 정원이 있는 집에서 필요한 용기로 길거리에서 흔히 볼 수 있는데, 늘 피튜니아, 팬지 등이 심어져 있다. 씨앗을 밭흙에 직접 뿌릴 수도 있지만 플랜터나 씨뿌림상자에 뿌리면 일을 훨씬 효율적으로 마칠 수가 있다. 물론 꺾꽂이를 할 때도 편리하다.

호미

정원의 잡초를 뽑거나 모종을 옮겨 심을 때 사용한다. 호미는 모종삽보다 손목이 덜 아프고 모종도 쉽게 옮길 수 있다. 호미를 처음 잡아보거나 꽃밭의 면적이 넓지 않다면 볼이 넓은 호미보다는 볼이 좁고 끝이 뾰족한 잔디호미를 사용하는 것이 좋다.

기타

삽, 괭이, 떨어진 낙엽을 모아 부숙시키는 용기, 퇴비를 만드는 용기 등 다양한 도구들이 필요하다. 베란다 정원의 크기, 식물의 양, 종류에 따라 하나 둘 구입하여 사용한다.

흙 의 종 류

화분 속의 흙은 '땅'이라고 부르는 흙과는 달리 자연스럽게 숨을 쉴 수 없고 미생물이 유기물을 분해하여 무기물로 바꿔 주는 일을 거의 해낼 수 없다. 화분 속이 땅속과 다르다는 것을 알게 된 이상 아무 흙이나 마구 퍼 담아서 화분의 흙으로 쓰지 않기를 바란다. 화분과 화분 속에 넣는 흙은 식물이 뿌리를 내리고 잘 살아갈 수 있도록 인공적으로 만들어 놓은 환경이기 때문이다. 그래서 식물을 기를 때는 무엇보다도 심는 흙을 선택하는 것이 중요하다. 식물이 이 인공적 환경 속에서 최상으로 자랄 수 있도록 준비한 여러 종류의 흙들에 대해 알아보자.

마사토

마사토는 바위를 잘게 부수어 만든 흙이다. 아주 오래전에는 근처에 있는 산에서 채취하기도 했지만 지금은 모두 만들어진 것을 사서 쓰고 있다. 너무 무거운 것이 흠이긴 하지만 매일 물을 주는 사람이나 통풍이 좋지 않은 곳, 습도가 높은 곳에서는 가장 무난하게 선택할 수 있는 흙이다. 알갱이의 굵기에 따라 대립(大粒), 중립(中粒), 소립(小粒)으로 나뉜다. 대립은 콩알 크기, 중립은 팥알 크기, 소립은 녹두알 내지 좁쌀 크기 정도의 알갱이로 이해하면 편리하다. 바구니를 준비하여

대립　　　　　　　중립　　　　　　　소립

눈이 성긴 것에는 대립을, 촘촘한 것에는 소립을 담고, 흐르는 물로 마사토에 섞인 흙가루를 깨끗이 씻어 낸 다음 물기를 빼고 그늘에 두었다가 필요할 때마다 덜어서 쓴다.

혼합토

피트모스나 코코넛피트에 펄라이트(흰색의 가벼운 인공토양), 버미큘라이트(질석), 제올라이트 등을 섞어 만든 인공토양으로, 흙이 담긴 봉투에 '상토', '배양토', 'ㅇㅇ배양토'라고 쓰여 있다. 적은 양을 비닐봉투에 넣고 포장하여 판매하기도 한다.

혼합토는 종류가 여러 가지인데, 일단 비료성분이 없는 것을 고르고 포장봉투를 열었을 때 나쁜 냄새가 나는 것은 피한다. 혼합토는 물기를 오랫동안 머금고 있어 건조한 곳에서 쓰기에 좋으나 완전히 마르면 수분을 다시 흡수하는 데 시간이 조금 걸린다.

부엽토

낙엽 등이 썩어서 만들어진 흙이다. 대개 산속의 떨기나무 아래에 쌓여 있다. 정원이 있는 집이면 혼합토 대신 장마철부터 떨어져 쌓이는 나뭇잎들을 모아 발효시켜 만든 흙을 쓰는 것이 더 좋다. 자연 상태에서 6개월~1년이면 나뭇잎들은 혼합토보다 더 부드럽고 좋은 흙으로 변한다. 나뭇잎을 발효시키면 피트모스를 얻기 위해 지구 어딘가에 있는 토탄층을 파헤치는 일이 조금이나마 줄게 되고, 개인적으로는 아주 좋은 품질의 흙을 얻을 수 있다.

물이끼(수태)

물이끼는 몇 해 전부터 대중적인 인기를 얻고 있어 이름은 몰라도 보면 금방 알 수 있을 만큼 주변에 흔하다. 손으로 만지는 느낌이 좋고 다른 흙과는 달리 깨끗하며 내 마음대로 모양을 만들 수 있어 인기가 높다. 물이끼는 대개 건조된 상태로 판매하고 있으므로 쓸 때는 먼저 물에 담가 물기를 충분히 머금게 한 다음 그대로 쓰거나 가위로 잘라 쓴다. 남은 물이끼는 버리지 말고 잘 말려 두었다가 다시 쓴다. 물이끼도 피트모스와 마찬가지로 지구 어딘가에 있는 연못에서 거두어 오는 천연자원이다. 조금이라도 아껴 쓰고 함부로 버리지 않는 것이 좋다.

난 전용토

심비디움 등의 난을 기를 때 쓰는 인공토양으로, 마사토보다 가볍고 종류도 다양하다. 마사토나 배양토와 함께 섞어 쓰기도 한다.

기타

야생화 전용토도 있고 나무껍질을 파쇄기로 잘게 부수어 쓰기도 하며 제올라이트를 섞어 흙 속에 혐기성 균류 등이 번식하는 것을 어느 정도 막기도 한다.

> **TIP** 경험이 많이 쌓이면 흙을 섞을 때 저절로 응용할 수 있게 된다. 우리집 환경과 생육상태 등을 고려한 나만의 독특한 흙 배합방법을 갖게 되는 것이다. 나뭇잎과 찻잎을 발효시켜 만든 흙에 마사토를 섞어 쓸 수도 있고 버려진 화분에 담긴 혼합토 등을 가져와 쓸 수도 있다. 어떤 종류의 흙을 쓰느냐 보다는 완전히 발효된 흙, 병균과 병충이 없는 흙을 야생화의 종류에 따라 배합비율을 다르게 한 다음 물빠짐이 잘 되게 심어 지금 기르고 있는 야생화가 제일 좋아하는 환경에 두는 것이 가장 중요하다.

흙담는 순서

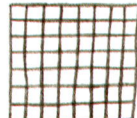

① 분망을 넉넉하게 잘라 화분 구멍 위에 얹는다.

② 콩알 크기의 돌을 바닥에 깐다. 고산식물, 뿌리가 잘 자라는 식물, 몸집이 작은 식물을 지나치게 큰 분에 심을 경우에는 돌을 넉넉하게 깔아 물이 잘 빠지고 화분 구멍으로 신선한 공기가 드나들도록 한다.

③ 혼합토를 비롯한 여러 종류의 흙을 넣으면서 식물을 심는다. 심을 때 화분을 가볍게 흔들어주거나 톡톡 쳐서 흙이 뿌리 사이로 잘 스며들게 한다.

④ 녹두알 크기의 마사토나 여러 가지 돌들을 얇게 덮어 마무리한다. 그러면 물을 줄 때 흙이 튀지 않고 식물도 안정감을 느낀다. 단 마무리 돌을 너무 두껍게 덮어 바람이 잘 통하지 않아 뿌리목 부분이 썩는 일이 없도록 주의한다.

⑤ 완성된 모습. 식물의 종류와 생육환경에 따라 흙의 양을 임의대로 조절할 수 있다.

4. 야생화 번식시키기

씨뿌리기

씨받기

베란다에서 야생화를 가꾸는 사람들한테는 꽤 어렵지만 정원이 있는 사람들한테는 무척 즐거운 일이 씨를 받는 일이다. 햇볕이 눈부신 가을 아침에 듣는 꼬투리 터지는 소리와 무르익은 봄날 잘 익은 씨 하나를 물고 바쁜 걸음으로 집으로 돌아가는 개미들을 바라보는 즐거움은 정원에서 야생화를 기르는 사람들이 누리는 행복이다. 뿐만 아니라 가을에 꽃집에서 씨를 조금 사다가 뿌려 두고 겨울을 나는 즐거움도 누릴 수 있다. 그러나 야생화 씨는 구하기가 어렵다. 아는 사람으로부터 얻을 수 없다면 가꾸는 사람이 필요한 씨를 직접 받아야 한다. 씨를 구해서 화분에 직접 뿌려 보고 싶다면 씨를 받는 방법을 알아야 한다.

① 겉껍질이 터지면서 멀리 튀어나가는 종류 : 열매껍질이 누런색이나 밝은 갈색으로 물들어 갈 때 줄기째 길게 잘라서 종이봉투에 담아 그늘에서 익힌다. 봉투에 담아 두어야 씨앗이 멀리 튀어나가지 않는다.
② 갓털(관모)이 있는 종류 : 갓털이 뽑기 좋을 만큼 익었을 때 갓털을 가볍게 뽑아내고 씨를 받는다. 완전히 익은 씨는 갓털과 함께 날아오른다.
③ 물기 있는 겉껍질에 싸인 물과실 : 씨가 튀어나가지 않는다. 대신 겉껍질을 벗겨 낸다. 자연에서는 열매가 땅에 떨어지면 미생물이 겉껍질을 분해하거나 동물의 먹이가 되었다가 겉껍질이 벗겨진 채로 배설이 되지만 실내에서는 조금만 관리를 소홀히 하면 겉껍질에 곰팡이가 피게 된다. 바싹 마른 겉껍질은 물에 불려 깨끗이 벗겨 내고 그늘에서 말리되, 큰 씨는 겉껍질을 하나하나 벗겨 내고 작은 씨는 겉껍질을 벗겨 낸 다음 씨 고르는 체에 넣고 물에 담가 손가락

으로 가볍게 문지르며 씨와 열매살을 나누어 준다.

씨뿌리기

정원이 있으면 한 귀퉁이에 모종을 기르는 장소를 따로 마련한다. 베란다에서는 플랜터나 입지름이 넓고 깊이가 10~15cm 안팎인 화분을 쓰는 것이 좋다. 물이 잘 빠지도록 분 바닥에 콩알 크기의 마사토를 넉넉히 깔고 혼합토나 부엽토에 팥알 크기의 마사토를 적절히 섞어 만든 흙을 가득 채운 다음 씨를 뿌리고 흙이나 녹두알 크기의 마사토를 한 겹 얇게 덮어 마무리한다.

처음에는 야생화를 심는 일반적인 방법대로 흙을 섞어 쓰다가 경험이 쌓이면 스스로 터득해 낸 방법으로 섞어 쓴다. 자세히 들여다보아야 생김새를 알아볼 정도로 작은 씨는 흙을 덮지 말고 손가락 등으로 가볍게 눌러 주거나 체로 거른 고운 흙을 얇게 덮어 준다. 커다란 씨는 흙을 약 1cm 두께로 두툼하게 덮어 준다.

씨불리기

씨가 너무 메말라 있으면 싹이 트는 데 시간이 많이 걸린다. 씨를 뿌린 화분을 장마철에 밖에 내다 놓은 상황이 아니라면 씨를 하루 정도 물에 불렸다가 뿌려 주는 게 좋다. 여물지 않은 쭉정이는 모두 골라냈다고 생각했는데 물에 담그니 물 위에 둥둥 뜨는 씨앗이 몇 개 있다. 쭉정이일 수도 있지만 씨 표면에 공기방울이 붙어서 뜨기도 한다. 24~48시간 정도 불리면 대부분 가라앉는다.

씨 뿌리는 방법

① 흩어뿌림 : 작은 씨 또는 깃털이나 갓털이 달린 씨는 흩어지게 뿌린 다음 싹이 터서 어느 정도 자라면 속아 준다. 돌단풍, 큰꿩의비름 등의 작은 씨와 할미꽃, 솜나물 씨 등은 흩어 뿌린다.

② 점뿌림 : 커다란 씨, 두세 포기가 함께 모여 자라도 좋

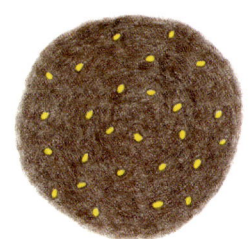

흩어뿌림

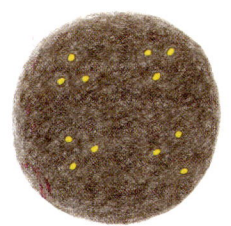
점뿌림

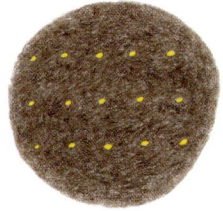
줄뿌림

은 것들은 3~4알씩 일정한 간격을 두고 뿌린다. 활나물처럼 옮겨 심는 것을 싫어하는 종류와 산마늘, 나리류 등 아주 작은 알뿌리로 시작해서 큰 알뿌리로 자라는 것들을 싹 틔울 때 편리하다.

③ 줄뿌림: 엄지와 검지 사이에 잡힐 만큼 커다란 씨나 나중에 옮겨 심을 때 한꺼번에 뽑아내어 손질하기에 편리한 것들은 줄을 맞춰 뿌린다. 붓꽃, 꽃창포, 원추리 등 주로 외떡잎식물을 싹 틔울 때 편리하다. 커다란 씨는 일정한 간격으로 심듯이 뿌리고, 크기가 고만고만한 작은 씨들은 흩어 뿌리는 것이 편리하다.

씨 뿌리는 시기

바람이 잘 통하지 않는 고온다습한 곳에서 기를 때는 6~8월에 씨 뿌리는 것을 피하는 것이 좋다. 싹이 2주 안에 트는 것은 더위와 통풍불량으로 어린 모종이 물러져 죽어 버릴 수 있다. 가을에 너무 늦게 씨를 뿌리면 돋아난 새싹이 서리를 맞아 얼어 죽기도 한다. 씨를 추위에 강한 종류, 싹이 늦게 나는 종류 등으로 구분을 지어 두고 뿌리면 어린 새싹이 죽는 일을 피할 수 있고 관리하기도 편리하다.

싹틔우기

씨는 일정한 수분과 온도, 산소 이 세 가지 조건이 잘 갖추어졌을 때 싹이 튼다. 씨를 뿌린 뒤 5, 6개월 이상이 지나야 싹이 트는 것은 차고 건조하며 어두운 곳에 두어 휴면을 충분히 시켜 준 다음 봄에 씨를 뿌린다. 또는 여름과 가을 사이에 미리 씨를 뿌려 두어 매서운 추위를 겪게 한 다음 2월부터 온도를 높여 따뜻하게 해주어도 곧 싹이 튼다. 내가 뿌리지 않았는데 정원이나 화분의 겉흙에서 저절로 싹이 트는 것은 싹 틀 확률이 높고 햇빛을 많이 받아야 싹이 잘 트는 종류로, 대부분 기르기에도 편하다.

옮겨심기

싹이 트면 가슴이 무척 설렌다. 그렇지만 새싹들 모두 너무 대견하고 소중하여 단한 포기도 그냥 버릴 수 없다고 생각한 나머지 솎아 주지 않고 그대로 두어 새싹들이 작은 화분에 빼곡하게 들어차 고통스럽게 살아가게 하는 것은 좋지 않다. 필요한 양만큼의 튼튼한 모종만 남기고 나머지는 솎아 준다. 모종이 어느 정도 자라면 크고 튼튼한 모종부터 옮겨 심는다. 크고 튼튼한 모종이 빠져나가면 흙 속에 남아 있는 양분을 작은 모종들이 흡수하여 크게 자랄 수 있다. 옮겨 심는 시기는 본잎이 2~3장 나와 자라기 시작하거나 추위가 가신 늦은 봄, 더위가 어느 정도 가신 이른 가을이 좋다. 여름 한낮의 햇볕이 따가워 옮겨 심기가 망설여진다면 달력에서 '처서'를 찾아보고 처서가 지난 다음에 옮겨 심으면 대체로 안전하다.

포기나누기

'야생화'라고 부르는 식물들은 대부분 '풀(초본)'이다. 풀은 나무처럼 오래 살지 않는다. 여러 해 동안 한자리에서 기르다 보면 어느 해인가 포기가 놀라우리만큼 풍성해지고 꽃이 화려하게 핀 다음 갑자기 죽어 버리거나 약해져서 겨우 살아 있는 듯한 모습을 보여 주기도 한다. 2, 3년 이상 한자리에서 기른 것은 자라는 상태를 보아 포기를 캐내어 묵은 뿌리를 깨끗이 손질해 주고 묵은 촉과 새 눈을 여러 갈래로 나누어 심는 포기나누기를 해준다. 포기를 나누어 주면 식물체는 다시 생기를 얻고 기르는 사람은 여러 포기의 야생화를 얻을 수 있다.

포기를 나누는 시기

① 이른 봄에 꽃이 피는 종류는 꽃이 피고 잎이 어느 정도 자란 5월에 포기를 나누어 주는 것이 좋다. 이때 열매, 뒤늦게 핀 꽃 한두 송이, 마른 잎, 뿌리에 달려 있는 둥근 덩어리(콩과 식물 제외) 등은 깨끗한 가위로 잘라 내어 한곳에 모

아 두었다가 태우거나 소독하여 버린다. 아깝다거나 귀찮다고 해서 다시 정원의 흙과 섞으면 병원균도 함께 흙으로 돌아가게 된다. 시기를 놓쳤다면 가을에 나누어 준다. 가을에 옮겨 심은 포기는 봄에 옮겨 심은 포기보다 7~10일 꽃이 더 빨리 핀다. 꽃이 너무 빨리 피어 늦서리를 맞을 수도 있으므로 저녁에는 신문지를 몇 장 덮어 주는 것이 좋다.

② 여름에 꽃이 피는 종류는 이른 봄 새싹이 돋아나려고 할 때, 즉 '눈이 움직일 무렵'이나 가을에 포기를 나누어 준다. 날씨가 점점 따뜻해지므로 늦서리를 피할 수 있는 곳에만 둔다면 봄에 분갈이를 하거나 정원을 손질할 때 포기나누기도 함께 하여 일을 한꺼번에 끝마칠 수 있다. 대신 시간이 조금만 늦어도 새로 돋는 잎이 상처를 입어 볼품없게 올라올 수 있다. 특히 나리류는 싹이 5~10cm 이상 자란 것을 캐서 비늘조각을 떼어 내거나 옮겨 심으면 줄기 아랫부분의 잎이 마르고 줄기가 기형으로 휘어지는 일이 많으므로 주의한다. 여름에 꽃이 피는 종류는 추위에 아주 강하므로 가을에 포기를 나누어 주면 봄에 깨끗하게 올라오는 새싹을 즐길 수 있다. '얼어 죽지 않을까?'하는 걱정이 앞서 겨우내 개운치 않은 마음으로 보낼 것 같으면 흙 위에 잘 부숙된 부엽토를 3~5cm 정도 덮어 두면 안전하게 겨울을 날 수 있다. 부엽토가 없다면 신문지를 몇 장 겹쳐 덮어 두어도 된다.

③ 봄, 가을에 포기나누기를 할 수 없는 사정이 있을 때는 며칠 동안 비가 흠뻑 내려 기온과 지온이 조금 내려간 장마철에 포기를 나누어 준다.

포기를 나누는 방법

모종을 낼 때는 여리디 여렸는데 1년 내지 수년 동안 아주 잘 자랐다. 묵은 뿌리는 제멋대로 엉키고 뿌리 끝에는 동그란 혹덩어리들이 주렁주렁 매달려 있으며 까맣게 상한 뿌리도 제법 많이 보인다. 잎도 더부룩하고 무성한 데다 얼룩이 있거나 흑갈색으로 변해 가는 반점들도 있고 곰팡이의 흔적이 보이는 것도 있다. 이것들을 어떻게 하나? 잠시 난감하지만 순서대로 차근차근 따라해 보면 조금도 어렵지 않다. 포기나누기가 끝난 다음에는 마음까지 개운해진다.

① 잘 드는 가위로 얼룩진 잎, 반점이 있거나 곰팡이 자국이 있는 잎들을 깨끗이 잘라 준다.
② 상한 뿌리와 혹덩어리들이 주렁주렁 달린 뿌리를 잘라 주고, 이리저리 엉킨 뿌리는 손갈퀴로 빗질하듯 빗어 내려 가지런히 정리해 준다. 이렇게 손질해 놓으면 눈과 뿌리가 이어진 곳을 찾기가 쉬워 눈을 상하게 할 염려도 줄고 포기를 나누기도 편리하다.
③ 눈은 한 포기에 2~3개 또는 3~5개씩 붙여 나누어 준다.
④ 눈이 생기지 않은 묵은 포기와 땅속줄기도 살아 있으면 깨끗이 손질하여 심어 준다. 다시 새싹이 생겨나 새로운 포기를 만들어 나간다.
⑤ 포기를 나누기 쉬운 것은 엄지와 검지로 포기를 잡고 살짝 비틀거나 가위로 눈을 갈라내고, 질긴 뿌리줄기(根莖)나 덩이줄기(塊莖)는 가위나 칼로 갈라내거나 잘라 준다. 어미알줄기 곁에 새로 생긴 새끼알줄기는 떼어 내어 옮겨 심는다.

꺾꽂이(삽목)

야생화를 기르기 시작하면 누구나 해 보고 싶어 하는 것이 꺾꽂이이다. '정말 줄기에서 뿌리가 나오고 새 잎이 생겨날 수 있을까?' 의아해하며 자신의 실력을 꺾꽂이로 가늠해 보고 싶어 한다. 또 꺾꽂이를 하는 동안 '시간이 흐르는 것을 잊어버렸다.'라고 말하는 사람도 있을 만큼 일이 재미가 있다. 꺾꽂이에는 가만히 바라보거나 사진을 찍거나 그림을 그리는 것과는 또 다른 매력이 있다.
꺾꽂이는 식물의 줄기, 잎, 뿌리의 일부를 잘라 흙에 꽂아서 새 뿌리와 새 눈이 생기도록 하는 것으로, 식물의 재생력을 이용하여 새로운 생명을 만들어 내는 작업이라고 할 수 있다. 이때 동물과 다른 식물의 세계를 새롭게 바라보게 되고, 내 손으로 새로운 식물체를 만들어 낸다는 창조의 즐거움에 푹 빠지게 되는데 이것이 바로 꺾꽂이의 매력인 듯하다.

꺾꽂이를 처음 해 보는 사람은 장마철에 한번 베어 낸 줄기나 순따기한 것으로 시도해 보는 것도 좋다. 그러나 꺾꽂이를 해서 만든 개체(포기)는 씨앗을 뿌려 만든 개체보다 뿌리가 얕게 내려서 건조에 약하고 수명도 짧다. 꺾꽂이는 돌연변이 개체, 뿌리가 병에 감염된 것, 씨뿌리기 어려운 종류 등에 이용하면 좋다.

꺾꽂이 시기

줄기를 잘라 꽂기 좋을 정도로 새순이 적당히 굳어져 있으며, 온도는 20~25℃를 유지하여 뿌리가 잘 내릴 수 있는 5~6월이 좋다.

꽂이상자(삽목상) 만들기

① 꺾꽂이할 양이 적으면 조그만 화분을 쓰고, 양이 많으면 플랜터나 꽂이상자를 쓴다.
② 꽂이상자 바닥에는 굵은 마사토를 깔아 물이 잘 빠지게 해주고, 깨끗하고 거름기가 없는 흙을 꽂이상자에 채운다.
③ 시원한 고산지대에서 자라는 야생화는 마사토를 많이 섞어 꽂이상자의 흙이 지나치게 습해지지 않게 하고, 남부 지방에서 잘 자라는 야생화는 보습력이 좋은 흙을 많이 섞어 준다.

좋은 꽂이순 고르기

꽂이순은 줄기에 저장해 둔 양분으로 뿌리를 내리므로 실하고 튼튼한 것을 고른다. 꽂이순을 잘라 낼 어미포기는 햇빛을 많이 받는 곳에서 건강하게 자란 것으로, 잎과 줄기가 깨끗하고 눈이나 꽃봉오리가 생기지 않은 것이어야 한다. 생장점이 많은 가지 끝부분의 줄기를 꽂이순으로 쓰는 것이 좋다.

꽃이순 꽂기

① 줄기를 자를 때 쓰는 칼이나 가위는 날이 잘 드는 것으로 고르고, 미리 깨끗이 소독해 둔다.
② 온도가 많이 오르지 않은 이른 아침에 줄기를 7~8cm 길이로 자른다. 흠집 없이 깔끔하게 자르는데, 날이 잘 드는 가위나 칼을 쓰면 깔끔하게 잘 잘린다. 잘린 부위가 깔끔하지 않거나 이지러진 것은 꽂지 않는다.
③ 줄기를 물속에 담가 놓는다.
④ 미리 물에 적셔 놓아 촉촉해진 꽃이상자에 꼬챙이로 2~3cm 안팎의 꽃이구멍을 만들어 놓은 다음 꽂아 주면 잘린 부분이 상처를 입지 않아 감염을 예방할 수 있다.
⑤ 꽂는 간격은 잎이 서로 스칠 듯 말 듯한 정도가 좋다.

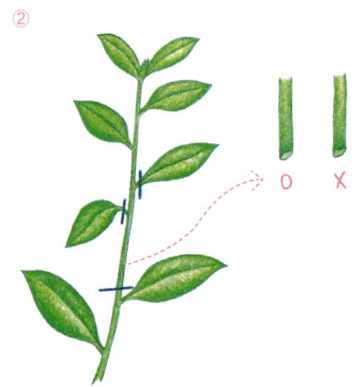

⑥ 다 꽂은 다음 흩어진 흙을 다독여 정리하고 분무기로 물을 준다.

뿌리가 빨리 내릴 수 있도록 해주는 발근제 이야기는 생략했다. 꽃이상자를 적절한 환경에 놓아두면 굳이 발근제를 쓰지 않아도 특별한 문제가 없는 한 곧 뿌리를 내리게 된다. 취미원예가의 즐거움 가운데 하나는 야생식물이 자연 상태에서 스스로 자라나는 모습을 지켜보는 것이다.

관리

새 뿌리가 내릴 때까지 바람이 잘 드는 밝은 그늘에 두고 거름은 절대로 주면 안 된다. 잎겨드랑이에서 새 눈이 조그맣게 생겨나기 시작하면 곧 흙 속에 꽂힌 줄기에서 뿌리가 내리게 된다. 이대로 겨울을 나게 한 다음 봄에 옮겨 심는 것이 안전하다.

5. 야생화를 기를 때의 환경 조건

햇빛

야생화는 대부분 봄에 햇빛이 충분히 드는 곳에서 잘 자란다. 잎 속에 든 엽록소는 햇빛을 받아야 활발하게 움직이며 제 기능을 하기 때문이다. 잎과 줄기가 한창 자랄 무렵에 햇빛이 부족하면 잎과 줄기가 길게 웃자라 볼품이 없고 꽃달림이 나빠지며 식물체가 자꾸 약해진다. 야생화는 대부분 아침 햇빛을 충분히 받을 수 있는 곳에서 잘 자라지만, 이른 봄에 꽃이 피는 봄식물은 여름의 아침 햇빛이 반갑지만은 않다. 화분에 심은 야생화 가운데 그늘이나 반그늘에서 자라는 종류는 5월이 시작되면 아침 햇빛이 1~2시간 정도 들어오는 곳에 두거나 발, 차광망 등을 이용해 만든 밝은 그늘로 옮겨 주는 것이 좋다. 정원에 심은 봄식물은 대개 나무 그늘 아래에 있거나 여름에 꽃이 피는 식물들 사이에서 자라고 있어 여름 햇빛을 견디는 데 큰 어려움은 없다.

바람

산들산들 부는 바람은 탁한 공기를 빼내고 맑은 공기를 들인다. 또 줄기와 잎을 움직여 튼튼하게 해주며 화분 속의 뿌리에 시원한 바람과 신선한 공기를 보낸다. 바람이 잘 통하지 않는 곳에서 야생화를 기르면 뿌리가 썩거나 곰팡이병에 잘 걸리며 깍지벌레가 기승을 부려 야생화와 야생화를 기르는 사람 모두를 고통스럽게 한다. 특히 베란다에서 야생화를 기를 때 창 너머에서 불어오는 바람의 세기는 사람이 느끼는 부드러운 미풍보다는 좀 더 세찬 것이 좋다. 그러므로 고온다습한 7~8월에는 세 벽이 모두 막힌 베란다의 창을 활짝 열고 현관문도 가끔씩 열어 놓아 바람이 항상 잘 드나들도록 해준다.

물

'물주기만큼 어려운 것은 없다', '물주기 3년'이라는 말이 있을 정도로 많은 경험이 필요한 것이 바로 물 주는 일이다. 저마다 가꾸는 환경이 다르고 식물의 생태 습성이 서로 다르며 계절마다 기온과 습도가 서로 다르기 때문이다. "그까짓 것 흙이 마르면 주지."라고 생각하거나 날을 꼬박꼬박 정해서 꼭 그날 그 시간에 물을 주는 것은 좋은 방법이 아니다. 물을 주는 좋은 방법은 다음과 같다.

① 일반적으로 화분의 겉흙이 말라 하얗게 보이기 시작할 때 물을 준다.
② ①의 방법이 어려우면 검지손가락을 구부려 화분 벽을 툭툭 가볍게 쳐 본다. 묵직한 소리가 나면 아직 흙이 마르지 않은 것이고, 가벼운 소리가 나면 흙이 어느 정도 마르거나 바싹 마른 상태이니 물을 흠뻑 준다.
③ 기르는 야생화의 자생지와 생태습성을 알아보고 그것에 준하여 물을 준다.
④ 밤중에도 열기가 식지 않는 여름철에는 저녁에 물을 주고 절대로 창문을 닫지 않는다.
⑤ 한낮은 더워도 저녁바람이 서늘하게 느껴지는 9월 중순부터 겨울, 그리고 이 듬해 4월 중순까지는 아침에 물을 준다.
⑥ 장마철에는 습기가 많아 의외로 화분의 흙이 빨리 마르지 않을 수 있으므로 세심하게 살펴보고 준다.
⑦ 수생식물이나 습지식물 이외에는 뿌리가 늘 축축하게 젖어 있는 것을 싫어하므로, 조금씩 자주 주지 말고 겉흙이 마르기 시작했을 때 흠뻑 주는 것이 좋다.
⑧ 흙이 지나치게 말라서 물을 흡수하지 못하면 10~20분 간격으로 두세 번쯤 물을 더 주거나 물그릇 속에 분을 반쯤 담가 물을 빨아들이게 한다.

⑨ 이른 봄이나 늦가을에는 물을 준 다음에 조금 춥더라도 창문을 활짝 열거나 팬을 작동시켜 신선한 바람과 공기가 드나들게 한다.
⑩ 여름철에는 물을 준 다음 잎이 모여 나는 뿌리목 부분에 물이 오랫동안 고이지 않도록 주의한다.

거름

거름을 주면 화분이나 땅속에 부족한 영양분을 보충할 수 있다. 특히 화분에 심은 야생화는 뿌리를 벋을 수 있는 자리가 한정되어 있으므로 부족한 양분은 거름으로 보충해 주어야 한다. 이때 주의할 것은 식물은 유기물을 바로 섭취하지 않는다는 사실이다. 화분에 마시다 남은 주스나 우유를 부어 주거나 음식물 찌꺼기 등을 그대로 올려 주기도 하는데, 이렇게 하면 곧 화분에서 곰팡이가 피고 이것들을 무기물로 분해하는 과정에서 혐기성 세균이나 벌레들이 생겨나 식물의 뿌리와 잎을 공격한다. 식물은 유기물을 그대로 섭취하지 않는다는 것을 명심하자! 식물은 미생물이 유기물을 무기물로 분해하면 이 무기물을 양분으로 섭취한다. 또 다른 점은 거름을 주지 않아도 된다고 믿는 것이다. "야생화에 무슨 거름이 필요해? 물만 있으면 되지." 그러나 야생화도 밥(거름)을 먹어야 한다. 화분이 마당에 있다면 가끔씩 빗물에 섞인 영양분을 섭취할 수도 있지만, 베란다에서 수돗물만 준다면 근근이 목숨을 연명해 갈 뿐이다. 그러므로 거름을 주되, 줄 때는 다음과 같이 한다.

① 완전히 발효되지 않은 거름은 쓰지 않는다. 특히 밑거름으로 발효가 덜 된 거름을 쓰면 분 속의 온도가 올라가고 거름이 부패하는 과정에서 가스가 생겨나 뿌리가 썩는다.
② 퇴비를 줄 때는 퇴비에서 암모니아 냄새가 아닌 향긋하고 맛있는 냄새가 나면

안심하고 쓸 수 있다. 퇴비는 구입한 다음 1년 정도 묵혀 두면 완숙퇴비로 쓸 수 있다.
③ 발효가 덜 된 퇴비는 꽃밭에 주어도 여러 가지 피해를 입힐 수 있으므로 주의한다.
④ 물거름(액비)은 규정 농도보다 좀 더 묽게 희석해서 준다. 포장지에 '1,000배 희석'이라고 씌어 있으면 1,500~2,000배로 희석해서 준다.
⑤ 별다른 이유 없이 잎과 줄기가 시들어 가거나 제대로 자라지 못하면 거름을 주지 않는다. '비료장해'라고 판단되면 화분이나 플랜터에 심은 것은 물을 흠뻑 주어 분 속의 거름기를 씻어 낸 다음 봄, 가을에 거름기 없는 새 흙에 옮겨 심는다.
⑥ 씨앗을 뿌려 싹을 틔운 어린 모종에는 거름을 주지 않거나 많이 주지 않는다.

봄에 주는 거름

야생화는 대부분 봄에 분갈이를 하거나 포기나누기를 한다. 이때 잠시 거름을 주지 말아야 할 것들도 있지만 한창 자랄 무렵이어서 대부분 거름도 그만큼 충분히 주어야 하므로 분갈이하는 시기와 덧거름 주는 시기를 잘 조절한다. 분갈이하는 화분 속에 밑거름을 넣을 때는 완전히 발효된 완숙퇴비나 고형비료(화학비료)를 넣는다. 밑거름은 효과가 천천히 나타나는 지효성 거름이어야 하며 심을 때 뿌리가 거름에 직접 닿지 않도록 주의해야 한다. 분갈이를 하지 않은 것은 묽게 희석한 물거름을 잎과 줄기에 뿌려 주거나 화분의 겉흙 위에 덧거름으로 완숙퇴비나 고형비료, 덩이거름을 얹어 준다. 이때 비료가 뿌리목과 줄기 부분에 직접 닿지 않도록 주의한다. 이른 봄에 꽃이 피고 휴면에 들어가는 얼레지, 복수초, 현호색, 앵초 등과 씨앗을 뿌려 가꾸는 두해살이풀인 자운영, 봄맞이, 개불알풀 등은 잎과 줄기가 살아 있는 동안 거름을 충분히 준다.

가을에 주는 거름

여름 내내 더위와 폭우, 병충해, 장마철의 부족한 햇빛, 비 갠 뒤에 갑자기 내리쬐는 햇빛, 가뭄 등에 시달리다 지친 야생화가 다시 튼튼해져서 알차게 겨울준비를 할 수 있도록 거름을 준다. 뿌리와 줄기에 필요한 영양분이 많은 거름으로 인산과 칼륨, 기타 미량원소가 풍부하게 함유된 것을 준다.

거름 주는 일에 익숙하지 않을 때는 먼저 꽃집에서 파는 화학비료를 하나 구입하여 써 보고 경험이 쌓이면 다른 거름들을 써 본다. 화학비료는 한쪽만 바람이 통하는 베란다에서 쓰기에 무난하다. 구입한 다음 뒷면에 적힌 설명서를 꼼꼼히 읽어 보고 설명서대로 화분에 올리되 화분의 크기, 식물의 크기, 자라는 상태 등을 고려하여 양을 조절한다.

병충해

야생화를 조금 기를 때는 언제나 정성을 다하여 보살필 수 있으므로 병충해로 인한 성가심에 대해 잘 모를 수도 있다. 그러나 화분의 양이 조금만 많아져도, 아주 손바닥만 한 꽃밭만 있어도 병충해는 기다렸다는 듯이 찾아온다. 반갑지 않지만 피할 수는 없다. 병이 심하면 주변 식물에 쉽게 전염되므로 마음 아프지만 깨끗이 정리하고 화분이나 그 식물을 파낸 삽, 손갈퀴, 호미 등도 말끔히 소독한다. 야생화를 심기 전에 흙과 화분을 소독하고 바람과 햇빛을 충분히 쐬어 주며 마구 자라는 잡초를 깨끗이 뽑고 땅을 비옥하게 해주면 식물이 잘 자라 병충해에 견디는 힘이 강해진다. 그러나 이렇게 정성을 기울여도 병충해는 늘 찾아와서 성가시게 한다. 필요에 따라서는 농약을 살포할 수도 있지만 소규모로 가꾸는 취미원예에서 농약을 사용하는 것은 가급적 피하는 것이 좋다. 균에 감염된 것은 모두 거두어 태워 버리거나 열탕소독을 해주고, 작은 벌레나 작은 곤충들과는 적당히 공존하는 것도 괜찮다. 야생화를 가꾸는 동안 만나게 되는 곤충의 세계도 주의 깊게 살펴보면 흥미진진하다. 꽃밭에 꽃만 피어 있으면 정감이 없다. 나비와 함께, 벌과 함께, 어디론가 바쁘게 기어가는 벌레도 몇 마리쯤 함께하는 꽃밭이 훨씬 더 아름답다.

그래도 꼭 약제를 뿌려야 한다면 지켜야 할 것들

약제의 선택

병균과 해충을 정확히 구분할 줄 알아야 약제를 구입하러 갔을 때 가게주인이 적당히 권하는 약을 사들고 와서 오용하는 일이 없다. 잎에 검은색이나 갈색의 얼룩, 곰팡이, 병인지 무늬인지 구별하기 어려울 만큼 기하학적인 얼룩무늬 등이 생긴 것은 병균에 감염된 것이다. 밤사이에 무엇인가가 나타나 잎이나 줄기를 갉아먹거나 쓰러뜨렸다면 해충의 피해를 입은 것이다. 해충인 것이 확인되면 해충의 종류를 정확히 알아야 한다. 살충제는 진딧물 전용, 달팽이 전용, 밤나방이나 쐐기 전용 등 특정 벌레에만 효과가 있는 전용제가 따로 있기 때문이다. 밤사이에 여린 새싹 하나가 사라졌다고 해서 다급한 마음에 주는 대로 들고 와 뿌리면 오히려 손해이므로 차분하게 살펴본 다음 행동에 옮긴다. 아무리 저독성이라고 해도 농약은 농약이므로 늘 주의해서 쓴다.

약제를 묽게 희석하기

○○유제, ○○수화제, ○○액제, ○○수용제 등의 약제는 아무리 작고 얄팍한 봉지 속에 들어 있다 해도 유효성분의 함량이 높아서 그대로 사용하면 약해가 생긴다. 약해는 식물과 사람 모두에게 위험하므로 소금, 설탕, 커피 등을 물에 녹이는 것처럼 각각 정해진 농도대로 물로 희석해서 쓴다. 약제의 사용법을 꼼꼼히 읽어 보고 필요한 물의 양을 정확히 잰다. 주변에서 쉽게 찾을 수 있는 우유팩이나 음료수병에는 용량이 표시되어 있으므로 이것으로 물의 양을 측정하면 편리하다. 약제를 조금만 살포해도 된다면 약제 살포용 분무기에도 물의 양을 측정할 수 있도록 용량이 표시되어 있으므로 이것을 참고한다.

물과 잘 섞어 준다
분무기나 양동이에 물과 약제를 넣고 뿌옇게 흐린 상태가 균일해질 때까지 조심스럽게 섞는다. 힘껏 흔들거나 마구 섞지 않는다.

희석하는 양
요즘은 아파트에 많이 살고 있으므로 베란다 원예가 주를 이룬다. 베란다에 사는 식물들은 바람이 잘 통하지 않는 나쁜 환경에서 고온에 시달리거나 장마철을 나거나 응달에서 지내게 되므로, 대부분 이러한 환경을 고려하여 선택된 음지식물들이다. 음지식물이나 반음지식물은 약해를 입기 쉬우므로 약제를 물에 희석할 때는 규정농도의 상한(上限)인 1,000~1,500배로 아주 묽게 희석해 주는 것이 안전하다.

약액은 잎의 뒷면에도 꼭 뿌려 준다
병원균은 대개 잎 뒷면의 기공으로 침입하며 밤에 활동하는 나방, 애벌레, 진딧물 등도 낮에는 잎 뒷면에서 잠을 자거나 뒷면을 공격하면서 활동한다. 그러므로 잎 뒷면에 약액을 뿌려 주면 그만큼 해충구제의 효과가 크다.

뿌리는 방법
유제, 수화제, 액제, 수용제처럼 물에 희석하는 약제는 분무기의 주둥이를 살짝 위로 향하게 하고 아래쪽에서부터 뿌려 올려서 잎 뒷면에 약액을 적신다. 굵은 물방울보다는 안개처럼 가볍게 뿌리는 것이 잎에 촘촘하게 잘 내려앉는다. 분제(粉劑), 입제(粒劑) 등 가루로 된 약제를 뿌릴 때는 반드시 마스크와 장갑을 착용한다.

뿌리는 양
물에 희석하는 약제는 잎에 고운 이슬이 내려앉은 듯한 정도로 뿌려 주는 것이 좋다. 잎끝에서 물방울이 되어 떨어질 정도로 뿌리면 오히려 약제가 잎에 묻지 못하고 엄지잎줄을 따라 흘러내릴 가능성이 높다. 가루로 된 약제는 모두 단위면적당 사용량이 정해져 있으므로 너무 많이 뿌리지 않는다. 분제는 잎과 줄기가 약제로 하얗게 덮일 정도로 뿌리지 말고 잎에 고운 먼지가 가볍게 내려앉은 정도로만 뿌려 주고, 입제는 주변 곳곳에 차분하게 뿌려 약제가 고르게 스며들도록 한다.

뿌리는 거리
분무기의 주둥이를 식물에 너무 가까이 대지 말고 30~50cm 떨어져 뿌린다.

약제를 뿌릴 때의 옷차림
넓은 정원이나 과수원이라면 방호복까지 갖춰 입어야 하겠지만 작은 꽃밭이나 베란다 원예라면 안경, 마스크, 장갑 정도면 충분하다. 아무리 가정용 저독성 약제라고 해도 원액이나 분말이 피부에 직접 닿는 것은 좋지 않으므로, 약봉지나 약병 뚜껑을 열기 전에 미리 마스크를 쓰고 고무장갑을 낀 상태로 작업을 시작하여 마칠 때까지 벗지 않는다. 원예작업할 때 쓴 마스크나 고무장갑은 외출용이나 주방용으로 사용하지 않는다.

약제는 바람이 불어오는 쪽에서 뿌린다
뿌리기 전에 항상 바람의 방향을 잘 살펴보고 바람을 등으로 받으며 뿌려야 약제를 뒤집어쓰지 않는다. 바람이 세게 부는 날, 바람이 흩어지듯 여기저기에서 몰아치는 날에는 약제를 뿌리지 않는다.

뿌리는 동안 입을 벌리거나 음식을 먹지 않는다

약제를 뿌리는 기구가 고장 나도 맨손으로 만지거나 고치지 않는다

아이들이 가까이 오지 못하게 한다

뿌린 다음에 주의할 것들

사용한 도구는 모두 깨끗이 씻어 약제가 남아 있지 않도록 한다. 처음부터 양을 정확히 계산하여 남기지 않는 것이 좋지만 약액이 남았다면 땅에 묻어 하수구를 통해 강으로 흘러 들어가지 않도록 한다. 도구를 깨끗이 정리한 다음 몸을 씻는다.

하루 동안은 약을 뿌린 곳에 가지 않는다

6. 분갈이하기

우리가 좋아하는 야생화는 대부분 '풀'이므로 그다지 오래 살지 못한다. 수명이 짧은 풀들을 좀 더 오래 살리기 위해서는 해마다 또는 2, 3년에 한 번씩 분갈이를 하여 식물체에 자극을 주는 것이 좋다. 또 분 속에 담긴 흙의 양은 한정되어 있는데, 식물은 1년 동안 흙 속의 양분을 모두 흡수하며 뿌리를 벋어 분 속은 뿌리로 가득 차고 흙은 아주 조금밖에 남지 않게 된다. 흙이 거의 없고 뿌리만 가득 찬 분에 물을 주면 물이 분의 윗부분에 그대로 고여 있다가 천천히 빠지는 등 물빠짐이 나빠지고 분 구멍 밖으로 뿌리나 새싹이 나와 자라기도 한다. 분 구멍 밖으로 뿌리나 새싹이 나올 정도면 야생화는 몹시 고통스러운 시간을 보내고 있는 중이므로 곧 분갈이를 해준다. 이때 포기나누기를 같이 할 수도 있다. 포기는 무성한데 꽃달림이 나쁘거나 새싹이 약하게 나올 때, 병이 들었을 때도 분갈이를 해준다. 뿌리가 분 속에 쉽게 가득 차는 구절초류, 섬백리향, 패랭이꽃 등은 1년에 두 번씩 분갈이를 해주기도 한다. 분갈이를 하는 동안 뿌리와 꽃눈은 조심스럽게 마치 갓난아기 다루듯이 다루어야 한다.

봄에 하는 분갈이
① 새싹이나 꽃눈이 자라기 전인 이른 봄은 야생화가 아직 겨울잠을 자는 중이거나 막 잠에서 깨어날 무렵이므로 이때 분갈이를 하면 새싹이나 꽃눈이 상처를 입지 않는다.
② 분갈이를 마친 화분은 얼지 않도록 찬바람이 닿지 않는 곳으로 옮겼다가 늦서리가 그치면 밖에 내놓는다.
③ 찬바람과 서리를 피할 만한 곳이 없을 때는 꽃이 지고 난 다음에 분갈이를 해준다.
④ 봄에 꽃이 피는 야생화 가운데 분갈이를 해주면 꽃이 제대로 피지 못하는 것과 큰 포기에서 많은 꽃이 피는 것은 꽃이 지고 난 다음에 분갈이를 한다.

가을에 하는 분갈이

9월 중순~하순에 이른 봄에 꽃이 피는 야생화의 분갈이를 모두 끝낸다. 봄에 분갈이하지 못한 것들도 이때 한다.

여름과 겨울

분갈이를 하지 않는다. 기온이 너무 높거나 너무 낮으면 식물은 잠시 생장을 멈추거나 휴면에 들어간다. 쉬고 있는 것들을 깨워 나쁜 환경 속에서 억지로 움직이게 하면 스트레스로 식물이 아주 약해지거나 죽을 수 있다.

뿌리가 가득한 분

손갈퀴로 살살 긁어내리면서 뿌리를 정리한다. 난초과 식물 가운데 몇 종은 뿌리가 굵으므로 헛알뿌리 바로 아래쪽에 세지가위의 날을 넣고 묵은 뿌리를 잘라 내면서 손질한다.

분갈이하는 순서

① 화분 벽을 가볍게 두드려 화분에 엉겨 붙은 뿌리와 흙이 잘 떨어져 나가도록 한 다음 뿌리 부분을 가볍게 잡고 식물체를 꺼낸다.
② 손갈퀴로 서로 엉켜 있는 흙과 묵은 뿌리를 털어 낸다. 이때 새로 돋은 어린뿌리(어린뿌리는 대개 흰색이다)가 다치지 않도록 조심한다.
③ 시든 잎, 병든 잎, 묵은 줄기 등을 손질한다.
④ 분 바닥에 분망을 깐다.
⑤ 물이 잘 빠지도록 바닥에 굵은 마사토를 깐다.
⑥ 한 손으로 식물을 가볍게 잡고 뿌리 사이에 흙을 빈틈없이 채운 다음 고운 마사토로 덮고 물을 흠뻑 준다.

분갈이하는 순서

7. 식물 상태 진단하기

① 꽃이 너무 빨리 시든다

일반적으로는 물을 적게 주어서 화분 속의 흙이 말랐을 때 시든다. 그 밖에 날씨가 너무 더울 때, 공기가 건조할 때, 햇빛을 좋아하는 식물을 어두컴컴한 곳에 두었을 때 꽃이 빨리 시든다.

② 꽃달림이 나쁘거나 꽃이 피지 않는다

꽃봉오리가 생길 때가 되었는데 생기지 않거나 꽃이 활짝 피지 않는 것은 빛이 너무 적거나 식물의 종류에 따라 낮의 길이가 너무 길거나 짧아서 꽃눈을 만들기 어렵기 때문이다. 영양제나 거름을 너무 많이 주었을 때, 벌레가 생겼을 때, 공기가 건조할 때, 분갈이를 했을 때, 꽃집에서 일반주택으로 옮겨 온도, 습도, 빛의 밝기가 달라졌을 때도 꽃달림이 나쁘거나 꽃이 피지 않는다.

③ 잎에 반점이 생긴다

물을 너무 자주 주면 잎에 짙은 갈색 반점이 생길 수 있다. 반점의 색이 희게 바랜 듯하거나 볏짚색이면 갑자기 너무 차가운 물을 주었거나 집에서 뿌리는 살충제나 거름의 원액이 잎에 튀었을 수 있다. 또 반그늘을 좋아하는 식물에게 밝은 햇빛을 너무 많이 보여 주었거나 병충해 피해일 수도 있다. 반점이 축축해 보이거나 물집처럼 둥글게 부풀어 오른 모양일 때는 대체로 병에 걸린 것이다.

④ 잎이 말린다

온도가 너무 낮은 곳에 두었을 때, 시원한 반그늘을 좋아하는 식물을 햇빛이 쨍쨍 내리쬐는 곳에 두었을 때, 물이 부족할 때, 찬바람을 맞았을 때, 물을 너무 많이 주었을 때, 때로는 곤충이나 애벌레가 잎을 말아 집을 지었을 때에 잎이 말린다.

⑤ 잎이 갑자기 떨어진다

식물체가 충격을 받았을 때 잎이 잘 떨어진다. 분갈이를 하거나 새로 구입하여 식물체가 낯선 환경에 놓이게 되어 스트레스를 받아도 일어난다. 세찬 비바람을 맞거나 갑자기 더워질 때도 잎이 떨어진다. 새로 사온 식물은 반그늘에 2~3일 두어 안정시킨 다음 햇빛의 양을 늘려 간다.

⑥ 줄기 아래쪽의 잎이 마르거나 떨어진다

일반적인 원인은 잎의 노화(老化)이다. 완전히 자란 잎이 노랗게 물들면서 마르다가 저절로 떨어지는 것은 자연스러운 현상이지만 몇 개의 잎이 한꺼번에 마르면서 떨어지는 것은 햇빛을 충분히 받지 못했거나 물을 적게 또는 너무 많이 주었을 때, 찬바람을 직접 맞았을 때 잘 일어난다.

⑦ 잎이 시든다

일반적으로 화분 속이 메말랐거나 물이 잘 빠지지 않을 때, 햇빛이 너무 뜨겁게 내리쬘 때, 메마른 날씨가 계속될 때, 온도가 너무 높을 때, 병충해의 피해가 있을 때, 뿌리가 썩고 있을 때 잎이 한꺼번에 시들면서 말라간다. 시들어 가는 식물에 물을 주었을 때 곧 싱싱해진다면 분갈이를 해서 분 속에 가득 찬 뿌리를 정리해 준다. 또 곤충의 애벌레가 줄기 속을 갉아먹고 있지 않은지 잘 살펴보고 구제해 준다.

⑧ 잎끝과 잎 가장자리가 갈색으로 변한다

차가운 바람을 심하게 맞았거나 오랫동안 뜨거운 햇빛 아래 두었을 때 갈색으로 변하거나 갈색으로 타들어 가면서 잎끝에 작은 갈색반점이 생긴다. 공기가 건조할 때, 핸드크림이나 로션을 바른 손으로 잎을 만졌을 때, 때로는 잎이 찢기거나 눌리면서 상처 부위의 가장자리가 갈색으로 변하기도 한다.

식물 상태 진단하기

⑨ 새로 나온 눈과 줄기가 연약하다

거름을 너무 많이 주었을 때, 햇빛을 좋아하는 식물을 밝은 그늘 아래 두고 기를 때 새로 나온 눈과 줄기가 연약하다.

⑩ 잎이 싱그럽지 않다

잎의 앞뒷면이 모두 거칠고 희끗희끗해지며 생기가 없을 때는 돋보기로 잎을 살펴본다. 대개 응애류가 잎에 달라붙어 있다. 응애는 공기가 건조할 때 잘 생기므로, 습도를 높이고 통풍을 시킨다. 햇빛에 오랫동안 노출되거나 잎에 먼지가 쌓여도 생기가 없어 보이므로 잘 살펴본다.

⑪ 잎 표면에 곡선이 그려져 있다

달팽이가 기어 다니며 갉아먹은 흔적이거나 잎 속에서 자라는 잎굴파리의 애벌레가 잎살을 갉아먹으면서 만들어 내는 무늬이다. 달팽이는 잡아 주고, 잎굴파리의 애벌레는 갉아먹은 자리를 따라가며 잘 살펴보면 까만 점 같은 것이 보이므로 이 부분을 잘라 내어 제거한다.

⑫ 회색이나 흰색 가루 같은 것이 뿌려져 있다

보이는 즉시 소독한 가위로 잎을 잘라 내고, 잘라 낸 잎은 곰팡이의 포자가 날아다니지 않도록 잘 버린다.

⑬ 꽃잎에 흰 반점이 있다

꽃이 피었을 때 비를 흠뻑 맞았거나 물뿌리개로 물을 주었을 때 생긴다. 붉게 핀 꽃에서 유난히 두드러지는데, 원인은 꽃잎에 든 색소인 안토시아닌이 물에 녹기 때문이다. 꽃이 많이 피었을 때는 물을 꽃잎이 너무 많이 젖지 않게 주거나 줄기와 잎에만 준다.

⑭ **새로 나온 잎과 줄기가 노랗다**

대부분 너무 어두운 곳에 두어 광합성을 하지 못하여 나타나는 현상이다. 햇빛을 좋아하는 식물, 아침 햇빛이 잘 드는 밝은 그늘을 좋아하는 식물을 침대 머리맡에 두거나 햇빛이 들지 않는 주방에 두었을 때 흔히 나타난다. 화분을 즉시 밝은 그늘로 옮겼다가 햇빛의 양을 조금씩 늘려 주면 곧 녹색이 된다.

⑮ **잎이 찢기거나 구멍이 났다**

곤충이나 애벌레가 갉아먹었거나 동물이 잎에 상처를 준 경우이다.

⑯ **잎에 있는 무늬가 나타나지 않는다**

햇빛을 쬐어 주어야 흰색이나 노란색으로 발색되는 무늬를 가진 잎을 너무 어두운 곳에 두면 무늬가 잘 생기지 않는다. 햇빛의 양을 늘려 준다. 거름을 너무 많이 주어도 무늬가 잘 나타나지 않을 수 있다.

⑰ **시들면서 마른다**

대개 여러 종류의 병원균이 원인이다. 시들어 간다고 물을 더 많이 더 자주 주게 되면 과다한 습기가 증세를 더욱 악화시킨다. 뚜렷한 처방이 없는 경우에는 식물체를 뽑아 소각시키거나 잘 밀봉하여 폐기하고 화분과 흙은 열탕소독한다.

⑱ **잎이나 줄기가 썩는다**

무더운 여름에 물을 주고 통풍을 충분히 시켜 주지 않았거나 겨울에 물을 주고 찬 곳에 두어 꽁꽁 얼었다가 녹아 상처를 입은 부위에 병원균이 침투하면 잎이나 줄기가 썩는다. 또는 분갈이를 할 때 손가락에 힘을 주어 꼭꼭 눌러 심거나 줄기나 잎자루에 압력을 가해 눈에 잘 보이지 않는 상처를 입은 포기에 병원균이 침투하여 썩기도 한다.

⑲ 화분 벽에 생겨난 녹색 점액

이끼처럼 생긴 끈적이는 녹색 점액은 물을 너무 많이 주었거나 물빠짐이 나쁠 때, 습도와 온도가 높을 때 잘 생긴다. 작은 솔로 화분 벽을 가끔씩 닦아 준다.

⑳ 화분 벽에 생겨난 하얀 퇴적물

물이나 무기질 비료를 너무 많이 주었을 때 생긴다. 작은 솔로 화분 벽을 닦아 준다. 퇴적물을 닦지 않고 관상하는 경우도 있다.

> **TIP** 점액이나 퇴적물을 깨끗하게 제거하고 싶을 때는 식초와 물을 1 : 15 정도의 비율로 희석하여 20여 분 삶아 준다. 한 번 삶아 말끔히 없어지지 않으면 1~2번 더 삶아 주는데 퇴적물 등이 두텁고 깊게 쌓여 있을 때는 식초의 양을 좀 더 늘려 준다. 큰 화분, 삶기 곤란한 화분들은 식촛물에 담가 6~7시간(여름철 기준)쯤 담가 둔다.

봄

노루귀

Hepatica asiatica Nakai

과명 미나리아재비과	**약이름, 다른 이름** 장이세신(獐耳細辛), 파설초(破雪草)
생육상 여러해살이풀	**사는 곳** 전국 각지의 산속 나무 그늘 아래서 자란다.
높이 6~12cm	**꽃 피는 시기** 2~4월

심기

몸집에 비해 조금 큰 분을 골라 바닥에 콩알 크기의 마사토를 넉넉히 깔고 혼합토와 마사토를 섞은 흙에 심는다. 심기 전에 뿌리의 흙을 깨끗이 털어 물로 씻어 낸 다음 묵은 뿌리, 상한 뿌리, 둥근 덩어리 등이 엉켜 있는 뿌리와 마른 잎들을 잘라 내고 새 눈이 흙에 반쯤 덮일 정도로 심는다. _그림 ①

햇빛

통풍이 잘 되지만 바람이 직접 닿지 않는 밝은 그늘 아래 둔다. 창문이 없는 복도식 아파트라면 현관 옆에 두는 것이 좋다. 밝은 그늘 아래 두면 봄부터 가을까지 잎이 지지 않으며, 가을이면 잎이 자줏빛으로 물이 들어 아름답다.

① 둥근 덩어리 등이 엉켜 있는 뿌리와 마른 잎들을 잘라 낸다.

거름주기

봄, 가을(잎이 아직 남아 있으면)에 완숙퇴비나 덩이거름을 덧거름으로 얹어 주고 물거름을 묽게 희석하여 매달 두세 번 준다.

남부 지방에서는 흰꽃과 분홍꽃이 많이 피고, 중부 이북 지방에서는 흰꽃과 보라꽃, 그리고 드물게 분홍꽃이 핀다.

꽃밭

심기

큰 나무 그늘 아래 또는 햇빛이 약한 북서쪽 자리가 좋으며, 물이 잘 빠지는 부드럽고 비옥한 흙에 심어 주면 좋다. 물이 잘 빠지지 않는 곳에 심으면 장마철에 포기가 썩어 죽는 일이 많다. 꽃밭에서는 아주 큰 포기로 자라나 일제히 많은 꽃을 피워 내므로 다른 봄식물들과 함께 심어 주거나 자생지처럼 노루귀만 큰 무리를 짓도록 심어도 좋다.

늘리기

씨뿌리기

① 꽃이 지고 8주 정도 지나면 씨가 익는다. 개미가 씨를 물고 사라지기 전에 받아야 하므로 씨가 떨어지기 시작하면 곧 줄기째 잘라 그늘에 둔다. _그림 ②

② 5월 중순경 모아 둔 씨를 흩어지게 뿌린다.

② 씨가 떨어지기 시작하면 줄기째 잘라 그늘에 둔다.

③ 10월 하순경이면 흙 속에서 씨껍질이 벗겨지고 뿌리를 내린다.
④ 밖에서 겨울을 난 씨는 4월 중순경에 새싹이 트고, 서리가 내리지 않는 실내로 들여놓은 씨는 3월 초순경에 싹이 튼다. 본잎은 대개 1장만 나와 자란다.
⑤ 장마 전에 내년에 싹을 틔울 눈이 생겨난다. _그림 ③_
⑥ 잘 자란 포기는 2년차에 꽃이 핀다.

포기나누기
① 봄에 꽃눈이 올라오기 전보다 꽃이 피고 난 다음에 포기를 나누는 것이 더 좋다. 꽃을 본 다음 꽃줄기를 잘라 내거나 열매가 달린 줄기를 잘라 내고 묵은 뿌리 등을 깨끗이 손질한 다음 가위로 눈과 눈 사이를 갈라 준다.
② 눈은 여러 개 붙어 있지만 눈에는 뿌리가 거의 없으므로 포기를 너무 작게 나누지 않는다.

③ 씨에서 싹이 튼 모습. 장마 전에 눈이 생겨난다.

	1월	2월	3월	4월	5월	6월	7월	8월	9월	10월	11월	12월
어미포기	◾	◾	✿	✿	∴			🌿	🌿	◾	◾	◾
씨	▬	▬	🌱	🌱								
거름				•	•				•			
늘리기				🪴	🪴				🪴			
두는 곳				▨	▧	▧	▧					

돌단풍

Mukdenia rossii (Oliv.) Koidz.

과명 범의귀과 | **약이름, 다른 이름** 축엽초(檎葉草), 석호채(石虎菜), 장장포, 바우나리 | **생육상** 여러해살이풀 | **사는 곳** 중부 이북의 냇가와 강가, 계곡 및 산기슭의 바위 겉이나 바위틈에서 자란다. | **높이** 30cm 안팎 | **꽃 피는 시기** 3~4월

심기
수분이 적당히 있고 뿌리줄기가 늘 물에 젖어 있지만 않으면 어디에서나 잘 자라는 보기 좋고 가꾸기 쉬운 식물이다. 분에 심어도 좋지만 담벼락, 넓고 평평한 돌, 나무둥치, 장독뚜껑 등에 진흙(생명토)을 붙여 앉혀 주면 더 운치 있다. 잎이 너무 무성하여 바람이 잘 통하지 않으면 크고 거친 잎을 몇 장 따준다.

물주기
굵은 뿌리줄기가 밖으로 나와 있으므로 봄, 가을에는 매일 물을 주어도 좋다. 겨울에는 뿌리줄기와 꽃눈이 말라죽지 않도록 가끔씩 물을 준다.

거름주기
봄, 가을에 물거름을 묽게 희석하여 매주 한두 번 뿌려 준다.

① 열매의 이음선이 벌어지기 시작하면 씨가 익은 것이다.

 꽃밭

심기
장소와 흙을 가리지는 않으나 가능하면 물이 잘 빠지고 아침 햇빛이 드는 곳에 심는다. 콘크리트 담벼락을 돌단풍으로 덮기도 할 만큼 번식력이 좋다.

늘리기
씨뿌리기
① 꽃이 피고 한 달쯤 지나면 꽃줄기가 붉은 갈색으로 시들어 가는 것처럼 보인다. 이때 잘 살펴보아 씨를 받는다. 돌단풍의 열매는 빛깔이 탁하고 씨는 너무 작아서 시들었는지 익었는지 구별하기 어렵다. 자세히 들여다보아 열매의 이음선이 그림처럼 벌어져 있으면 씨가 익었거나 대부분의 씨가 날아간 상태이다. _그림 ①
② 씨를 뿌리면 일주일 전후로 싹이 튼다. 싹이 튼 지 15~20일이 지나면 본잎이 나오기 시작한다. 싹이 아주 잘 트므로 밴 곳을 솎아 주고 그대로 여름을 나게 한 다음 가을에 아주심기(정식)를 하거나 본잎이 2~3장 나왔을 때(높이 0.5cm 안팎) 옮겨 심는다. _그림 ②
③ 2년차에 꽃이 핀다.

② 씨에서 싹이 튼 모습. 본잎이 2~3장 나오면 옮겨 심는다.

포기나누기

① 꽃눈이 움직이기 시작하는 이른 봄이나 꽃이 지고 잎이 한창 자라기 시작할 때 묵은 뿌리줄기를 2~4촉 단위로 나누어 심는다. 꽃송이와 잎을 잘 구별하여 줄기마디에 꽃송이만 붙여서 잘라 내지 않도록 한다. _그림 ③
② 뿌리줄기를 흙 속에 깊이 묻지 말고 화분의 흙 위에 얹는 기분으로 심는다.

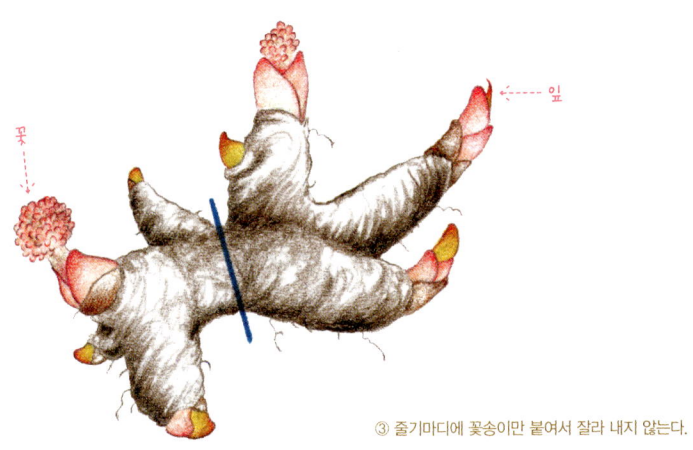

③ 줄기마디에 꽃송이만 붙여서 잘라 내지 않는다.

	1월	2월	3월	4월	5월	6월	7월	8월	9월	10월	11월	12월
어미포기												
씨												
거름												
늘리기												
두는 곳												

봄맞이

Androsace umbellata (Lour.) Merr.

과명 앵초과 | **약이름, 다른 이름** 후롱초(喉嚨草), 점지매(点地梅), 동전초(銅錢草), 봄맞이꽃 | **생육상** 한해살이풀 또는 두해살이풀 | **사는 곳** 전국의 들녘과 논둑에서 자란다. | **높이** 5~10cm | **꽃 피는 시기** 3~5월

심기
작은 분이어도 상관없지만 모아 심으면 좀 더 다감하고 따사롭게 보이므로, 입지름 10cm, 깊이 6~7cm 안팎의 넓고 얕은 분을 준비한 다음 분 바닥에 콩알 크기의 마사토를 깔고 마사토와 거친 부엽토 등을 섞은 흙에 씨를 뿌리거나 모종을 옮겨 심는다. 모종과 모종 사이는 손가락 하나가 들어갈 정도가 좋다.

햇빛
하루 종일 햇빛이 잘 드는 곳에 둔다.

거름주기
① 분에 심은 것은 새싹이 나와 본잎이 서로 둥근 모양으로 겹치기 시작할 무렵부터 물거름을 엷게 희석하여 매주 한두 번 뿌려 주거나 덧거름으로 덩이거름을 얹어 주어 가을 동안 실하게 키워 놓는다.
② 꽃밭에서 자라는 것들은 거름을 주지 않는다.

 꽃밭

심기
키가 작으므로 꽃밭 가장자리의 햇빛이 잘 드는 곳이나 주변에 따로 작은 터를 만들어 여러 포기를 모아 심는다.

늘리기
씨뿌리기
① 꽃이 지고 열매가 맺히기 시작하면 줄기가 비스듬히 눕는다. 그림 ①

① 열매가 맺히면 줄기가 비스듬히 눕는다.

② 씨가 쏟아지기 전에 줄기를 잘라 그늘에 둔다.

② 열매껍질이 반투명한 흰색으로 변하면서 씨가 밝은 갈색으로 익어가는 모양이 비치기 시작하다가 열매의 이음선이 열리고 붉은 갈색 씨들이 쏟아지기 시작한다. 이때 꽃줄기는 바닥에 거의 누운 상태이므로 씨가 쏟아지기 전에 줄기째 길게 잘라 그늘에 둔다._그림 ②

③ 씨는 대개 7월 한여름에 뿌리게 되는데 7~10일 전후로 싹이 튼다.

④ 밴 곳을 솎아 주고 본잎이 2~3장 나와 자라는 동안 흙이 지나치게 마르지 않게 한다. 로제트 모양으로 겨울을 난다._그림 ③

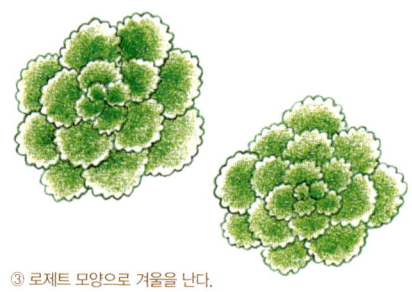

③ 로제트 모양으로 겨울을 난다.

	1월	2월	3월	4월	5월	6월	7월	8월	9월	10월	11월	12월
어미포기	◐	◐	✿	✿	✿	∴	◝					
씨							⬚	🌱				◐
거름			●	●					●			
늘리기			⬛						⬛			
두는 곳						▨	▨	▨				

솜나물

Leibnitzia anandria (L.) Turcz.

과명 국화과 | **약이름, 다른 이름** 대정초(大丁草), 솜나무, 부싯깃나물, 까치취 | **생육상** 여러해살이풀 | **사는 곳** 전국 각지의 햇빛이 잘 드는 풀밭, 잔디밭, 햇빛이 잘 들고 메마른 숲 가장자리에서 자란다. | **높이** 5~20cm(봄), 20~60cm(가을) | **꽃 피는 시기** 3~5월

꽃밭

심기
햇빛이 잘 들고 물빠짐이 좋은 흙에 심는다. 솜나물은 대개 볕이 좋은 산소의 잔디밭에서 줄기높이가 비슷비슷한 식물들과 잘 어울려 자라므로 이들과 함께 섞어 심어도 좋다. 봄에는 꽃과 잎이 앙증스러워 자리를 넓게 차지하지 않지만 가을에는 잎이 길고 넓게 자라므로 포기 사이를 7~10cm 띄워 심는다.

거름주기
지나치게 크게 자라면 솜나물 특유의 매력이 사라지므로 봄, 가을에 작고 여린 포기 주변에 한 번 정도 완숙퇴비를 가볍게 흩뿌려 준다.

9월 초순부터 열매가 익기 시작한다.

늘리기

씨뿌리기

① 7월 초순부터 닫긴꽃(폐쇄화)이 나오고, 9월 초순부터 열매가 익기 시작한다. 그림
② 닫긴꽃은 여러 개가 나오므로 초겨울에도 갓털을 달고 있는 씨를 볼 수 있다.
③ 씨뿌림상자에 씨를 뿌리고 밖에서 겨울을 나게 한다.
④ 4월 초순경부터 싹이 트기 시작한다. 싹이 빨리 튼 것은 5월이면 솜나물 어미포기의 모양새를 갖추게 된다.
⑤ 2년차 되는 봄에 꽃이 피고, 가을에 닫긴꽃이 생긴다.

포기나누기

어미포기 곁에 생겨난 새끼포기를 나누어 심는다.

	1월	2월	3월	4월	5월	6월	7월	8월	9월	10월	11월	12월
어미포기	●	●	✿	✿	✿			✿	✿	∴	∴	●
씨	⋯	⋯	🌱	🌱								●
거름				●	●				●			
늘리기				🪴	🪴				🪴			
두는 곳					▰	▰	▰					

은방울꽃

Convallaria keiskei Miq.

과명 백합과 | **약이름, 다른 이름** 영란(鈴蘭), 군영초(君影草), 오월화(五月花) | **생육상** 여러해살이풀 | **사는 곳** 전국 각지의 산과 들, 숲 가장자리에 모여 산다. | **높이** 20~30cm | **꽃 피는 시기** 4~5월

심기
흙을 가리지 않고 잘 자라지만 특히 마사토와 거친 부엽토를 섞은 흙을 좋아한다. 뿌리줄기가 옆으로 길게 벋으며 포기를 늘려 가므로 접시처럼 넓고 얕은 화분에 심는다. 깊은 화분에 심으면 뿌리줄기가 분 밑바닥까지 내려가 분 구멍 아래서 싹을 틔우기도 하여 분갈이할 때 불편해질 수 있다. 넓은 분에 심어 2~3년 가꾸면 잎과 꽃이 모두 보기 좋게 자란다.

햇빛
이른 봄에는 아침 일찍부터 해가 드는 자리에 두었다가 꽃봉오리가 커질 무렵 밝은 그늘로 옮겨 준다.

심기
소나무나 향나무 등이 서 있는 어두운 그늘에서도 잘 자란다. 종

일 해가 드는 곳에 심으면 포기가 잘 늘어나고 꽃달림도 좋지만 잎이 거칠고 잎끝이 빨리 타들어가 볼품이 없으므로 밝은 그늘 아래 심는다. 심을 때는 뿌리줄기가 넓게 벋어 나갈 수 있도록 엉긴 뿌리를 잘 펴서 심는다.

늘리기

은방울꽃은 촘촘하게 모여 가지런하게 자란 모습이 보기 좋으므로 2~4년 기른 포기의 상태를 보아 지나치게 배게 자란 것만 분갈이를 해준다. 통통한 눈은 꽃눈이고 야윈 눈은 잎눈이므로 분갈이할 때 참고한다._그림①

씨뿌리기

가을에 붉게 익은 열매를 따서 겉껍질을 벗겨 내고 씨를 뿌린 다음 밖에서 겨울을 나게 한다. 씨는 줄뿌림이나 점뿌림을 한다. 봄에 싹이 튼다. 가을에 옮겨 심는다.

포기나누기

① 꽃이 지고 나면 곧 땅속의 뿌리줄기가 움직이기 시작하여 6월 초순경이면 벌써 여러 개의 눈이 만들어진다. 여름에 뿌리줄기가 사방으로 벋어 나가며 눈을 만든다.
② 9월 중순~10월 중순경에 포기를 캐어 엉긴 뿌리를 잘 손질한 다음 눈을 3~4개씩 붙여 나누어 심는다.
③ 포기를 나눌 때는 새로 생긴 눈에는 잔뿌리가 그리 많이 나지 않았으므로, 잔뿌리가 많은 묵은 줄기를 붙여 나누어 준다._그림②

① 통통한 눈은 꽃눈, 야위고 뾰족한 눈은 잎눈

② 잔뿌리가 많은 묵은 줄기를
   붙여 나누어 준다.

둥굴레

Polygonatum koreanum Nakai

과명 백합과 | **약이름, 다른 이름** 위유(萎蕤), 옥죽(玉竹), 영당채(鈴堂菜), 산둥굴레, 괴불꽃 | **생육상** 여러해살이풀 | **사는 곳** 전국의 산과 들, 숲 가장자리에 모여 산다. | **높이** 30~60cm | **꽃 피는 시기** 4~5월

심기
흙을 가리지 않고 잘 자라지만 튼실하게 기르려면 분 바닥에 콩알 크기의 굵은 마사토를 깔고, 마사토와 부엽토(또는 혼합토)에 완숙퇴비를 조금 섞은 흙에 심는다.

햇빛
잎을 오랫동안 즐기려면 아침 햇빛이 드는 밝은 그늘이나 그늘에 두어 뿌리를 크게 키우고, 이듬해 큰 포기에 꽃이 주렁주렁 달리기를 원할 때는 꽃이 진 다음 햇빛을 충분히 쬐어 준다.

늘리기
눈이 새싹이 되어 나오기 전인 이른 봄과 잎이 노랗게 물이 든 가을에 분을 털어 포기를 나누어 준다.

① 7월부터 열매가 검은 색으로 익는다.

 꽃밭

심기
잎 가장자리에 무늬가 있는 품종은 아침 햇빛이 드는 밝은 그늘에 심고, 기본종은 잎이 지는 나무 아래 심거나 햇빛이 잘 드는 곳에 심는다. 둥굴레는 뿌리를 수확해서 대용차로 마시기도 하므로, 심으려는 곳의 흙이 메마르고 딱딱하면 심기 보름 내지 한 달 전에 미리 완숙퇴비를 섞어 둔다.

② 씨에서 싹이 튼 모습

늘리기
씨뿌리기
① 열매는 7월부터 검은색으로 익기 시작한다._그림 ① 씨는 열매 하나에 3~5개씩 들어 있다. 익은 열매를 따서 껍질을 벗겨 내고 씨를 받아 화분에 뿌려 두고 밖에서 겨울을 나게 한다.
② 씨는 꽃밭에 바로 뿌려도 싹이 아주 잘 튼다._그림 ②

③ 뿌리줄기를 나누어 심는다.

포기나누기
봄~가을에 뿌리줄기를 나누어 심는다._그림 ③

	1월	2월	3월	4월	5월	6월	7월	8월	9월	10월	11월	12월
어미포기	▢	▢	🌱	🌸	🌼		••	••	••		🍃	▢
씨	▢	▢	🌱	🌱							🍃	▢
거름			•	•	•				•			
늘리기			🪴	🪴					🪴			
두는 곳					▰▰▰▰▰▰▰▰▰							

산마늘

Allium microdictyon Prokh.

과명 백합과 | **약이름, 다른 이름** 관엽각총(寬葉䓚葱), 각총(䓚葱), 회총(灰葱), 멩이풀, 명이 | **생육상** 여러해살이풀 | **사는 곳** 남부, 중부 지방과 울릉도의 높고 깊은 산속에서 자란다. | **높이** 20~40cm | **꽃 피는 시기** 4~5월

심기

산마늘은 관상용보다는 식용으로 즐겨 기르는 식물이다. 관상용 산마늘은 밝은 그늘 아래에서 기르지만, 식용으로 기를 때는 햇빛이 잘 드는 자리도 좋다. 비옥하고 물이 잘 빠지는 곳에서 비늘줄기가 튼실하게 자라므로, 가을에 완숙퇴비를 충분히 넣어 흙을 비옥하게 해주고 물빠짐이 나쁜 자리는 두둑을 높게 만들어 심는다.

① 씨가 검은색으로 익기 시작하면 줄기째 자른다.

거름주기

잎은 이른 봄에 올라와 열매가 익을 무렵인 초여름에 누렇게 시들고 비늘줄기는 휴면에 들어가므로, 잎이 한창 초록색으로 싱그러울 때 덧거름으로 완숙퇴비를 넉넉히 준다.

늘리기

씨뿌리기

① 6월에 열매껍질이 벌어지고 까맣게 익은 씨가 보이기 시작하면 줄기째 잘라 그늘에 둔다. 열매꼭지에 벌레가 생겨 갉아먹기 전에 씨를 손질하여 씨뿌림상자에 흩어 뿌린다. 그림 ①

② 9월 하순경이면 싹이 하나둘 트기 시작하다가 10월 하순~11월 초순경 무가온 온실이나 서리를 피할 수 있는 곳으로 옮겨 놓으면 싹이 한꺼번에 돋는다. 밖에서 겨울을 나는 씨뿌림상자는 서리가 내렸을 때 흙이 들뜨지 않도록 염분을 뺀 바크나 나무껍질 등을 덮어 준다.

③ 이듬해 5월, 5~7cm로 자란 어린 모종을 옮겨 심는다._그림 ②

② 5~7cm 정도 자라면 옮겨 심는다.

포기나누기

① 씨를 받지 않는 포기는 꽃을 본 다음 꽃줄기를 잘라 내어 씨가 여물지 않도록 한다.
② 추위에 강하므로 가을에 새로 생긴 비늘줄기를 나누어 심는다. 이른 봄 산마늘의 새싹이 5cm 안팎으로 자랄 무렵(서울 기준)까지도 땅속이 얼어 있는 경우가 많으므로, 잎이 어느 정도 펼쳐졌을 때 나누어 심는다._그림 ③

TIP 잎은 대개 두 장이 마주나므로 먹을 때는 한 장만 잘라 낸다.

③ 비늘줄기의 아랫부분을 가볍게 비틀거나 갈라서 포기를 나눈다.

	1월	2월	3월	4월	5월	6월	7월	8월	9월	10월	11월	12월
어미포기	▢	▢	⚘	✿		∴	◠	▢	▢	▢	▢	▢
씨	▢	▢	⚘	⚘	⚘	◠		▢	▢	▢	▢	▢
거름			●	●								
늘리기									▽	▽		
두는 곳				◣								

백작약

Paeonia japonica (Makino) Miyabe & Takeda

과명 미나리아재비과 | **약이름, 다른 이름** 산작약(山芍藥), 강작약 | **생육상** 여러해살이풀 | **사는 곳** 전국 높은 산지의 숲 속 그늘에서 자란다. | **높이** 40~50cm | **꽃 피는 시기** 4~6월

꽃밭

심기

물이 잘 빠지고 아침 햇빛이 잘 드는 밝은 그늘 아래에 심는다. 척박한 곳에 심으면 잘 자라지 못하고 꽃달림이 좋지 않으므로, 가을에 땅을 깊게 갈고 완숙퇴비를 섞어 두었다가 봄에 소석회를 넣고 다시 잘 섞어 흙 속에 있는 선충을 구제한 다음 약 2주 뒤에 모종을 심는다.

꽃집에서는 백작약의 꽃봉오리가 올라왔을 때(4월 중순~5월 초순) 판매하므로 꽃밭을 미리 일구어 놓는다. 꽃이 진 다음 씨를 받지 않는 열매 꼬투리는 따 낸다. 그림 ① 잎이 늦은 가을까지 많이 달려 있을수록 포기가 튼튼하다.

거름주기

거름이 부족하면 꽃달림이 좋지 않고 씨도 여물지 못하므로 봄에 싹이 텄을 때, 그리고 꽃이 진 다음에 덧걸음으로 완숙퇴비를 듬뿍 준다.

① 씨를 받지 않는 꼬투리는 잘라 낸다.

늘리기

씨뿌리기

① 송편 모양으로 통통한 열매 꼬투리에는 여문 씨가 들어 있을 확률이 높다. _그림 ②
② 8월 하순~9월 초순경까지 꼬투리가 벌어지지 않고 붉은 색으로 남아 있으면 씨가 여물지 않은 쭉정이일 가능성이 99%이므로 잘라 낸다. _그림 ③
③ 8월 하순~9월 초순에 씨가 감청색으로 익는다. 붉은 것은 쭉정이이다. 꼬투리가 벌어졌을 때 쭉정이만 들어 있기도 하므로 포기를 크고 튼튼하게 기른 다음 씨를 받는다. _그림 ④
④ 받은 씨를 바로 뿌리면 가을에 뿌리가 내린 상태로 겨울을 난다. _그림 ⑤
⑤ 3월 중순경에 싹이 튼다. 잎은 대개 한 장 또는 두 장이 나와 자란다. 이듬해인 2년차에 잎과 가지가 많아지고, 꽃은 대부분 3년차에 볼 수 있다.

포기나누기

① 3~4년 기른 포기를 9월 하순~11월에 나누어 심는다.
② 한 포기에 눈을 2~3개씩 붙여 나눈다. 굵은 뿌리 속에는 양분이 많이 들어 있으므로 눈과 뿌리를 잘 붙여 나누어 준다.
③ 봄에 포기나누기를 하면 꽃이 약하게 피거나 피지 않을 수도 있으므로 주의한다.

② 열매가 송편 모양으로 통통하게 생긴 것만 남겨 둔다.

③ 9월 초순까지 꼬투리가 열리지 않으면 잘라 낸다.

④ 씨는 감청색으로 익는다. 붉은 것은 쭉정이이다.

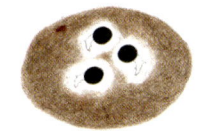
⑤ 가을에 이미 뿌리가 내렸으며 이대로 겨울을 난다.

	1월	2월	3월	4월	5월	6월	7월	8월	9월	10월	11월	12월
어미포기	●	●	⌒	⌒	✿	✿		∴	∴		⌒	●
씨	●	●	⚘	⚘						⌒	●	●
거름			●	●					●			
늘리기			⬜	⬜					⬜	⬜	⬜	
두는 곳					▨	▨	▨	▨				

홀아비꽃대

Chloranthus japonicus Siebold

과명 홀아비꽃대과 | **약이름, 다른 이름** 은선초(銀線草), 등롱초(燈籠草), 가세신(假細辛), 홀애비꽃대 | **생육상** 여러해살이풀 | **사는 곳** 전국 산지의 숲 속 그늘에서 자란다. | **높이** 20~30cm | **꽃 피는 시기** 4~5월

 꽃 밭

심기
물이 잘 빠지고 아침 햇빛이 2, 3시간 비치는 밝은 그늘 아래에 심는다. 키가 엇비슷하고 자라는 환경도 비슷한 은방울꽃, 둥굴레 등과 같이 심어도 좋다.

거름주기
이른 봄 새잎이 나와 자랄 무렵에 한 번, 꽃이 지고 열매가 익을 무렵에 한 번 덧거름을 준다.

늘리기
씨뿌리기
① 꽃이 막 졌을 때는 열매의 크기가 모두 같다. _그림 ①
② 열매와 꽃차례가 살이 찌듯 커진다. _그림 ② 쭉정이는 자라지 않고 꽃이 막 졌을 때와 같은 크기로 붙어 있다. _그림 ③
③ 5월 말~6월 초에 열매가 누릇하게 익어가기 시작하면 줄기째 잘라 그늘에서 말린 다음 씨뿌림상자에 뿌린다. 씨는 2mm 안팎이므로 점뿌림이나 줄뿌림한다.

① 꽃이 막 졌을 때는 열매의 크기가 모두 같다.

④ 이듬해 3~4월경부터 싹이 터서 자라고 2년 차에 꽃이 핀다.

포기나누기
땅속에 있는 뿌리줄기에서 수많은 곁뿌리가 생겨난다. 가을에 곁뿌리를 적당한 길이로 잘라 옮겨 심는다._그림 ④

② 열매와 꽃차례가 살이 찌듯 커진다.

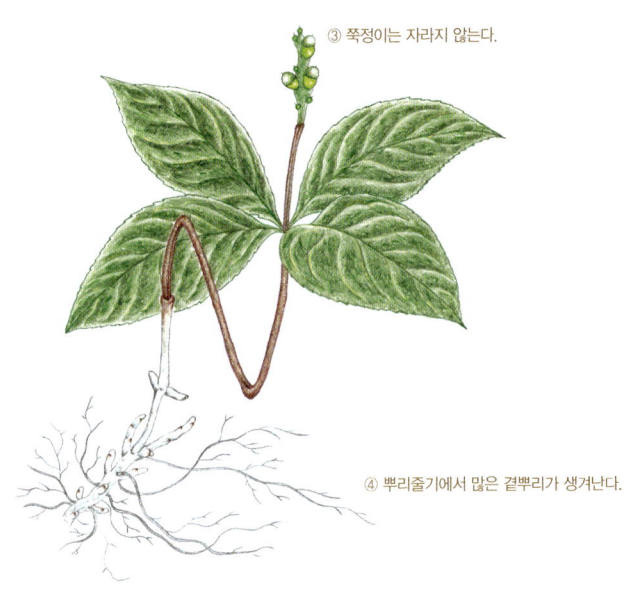

③ 쭉정이는 자라지 않는다.

④ 뿌리줄기에서 많은 곁뿌리가 생겨난다.

	1월	2월	3월	4월	5월	6월	7월	8월	9월	10월	11월	12월
어미포기	▢	▢	⚘	⚘✿	✿	∴	∴	🍃	▢	▢	▢	▢
씨	▭	▭	🌱	🌱				🍃	▭	▭	▭	▭
거름				•	•							
늘리기									🪴	🪴		
두는 곳				▰	▰	▰	▰	▰				

애기봄맞이꽃

Androsace filiformis Retz.

과명 앵초과 | **약이름, 다른 이름** 세엽점지매(細葉点地梅) | **생육상** 한해살이풀 | **사는 곳** 전국의 논두렁과 습기가 많은 곳에서 자란다. | **높이** 15cm 안팎 | **꽃 피는 시기** 4~5월

심기
몸집이 작고 가녀리므로 얕고 넓은 분이나 물이 적당히 고이는 접시 모양의 분에 진흙(또는 생명토)과 부엽토, 마사토를 적당히 섞어 심는다. 보통 화분에 일반적인 흙을 써서 심어도 잘 자란다. 자신의 취향에 맞는 방법을 선택한다.

물주기
흙이 지나치게 마르지 않도록 주고, 겨울에만 겉흙이 마른 듯할 때 흠뻑 준다.

햇빛
가을부터 이듬해 봄 꽃이 피고 열매가 익는 동안 햇빛을 충분히 쐬어 준다.

거름주기
작은 분에 심었거나 분이 가득 차도록 빼빼이 심었다면 봄, 가을에 물거름을 묽게 희석하여 매주 한 번씩 뿌려 준다. 큰 화분에 흙을 넉넉히 넣고 심었을 때는 자라는 상태를 보아 봄, 가을 동안 한

달에 한 번 정도 물거름을 엷게 희석해서 준다. 튼튼하게 잘 자라면 거름을 주지 않아도 된다.

늘리기
씨뿌리기
① 5월 중순이 지나면 열매의 겉껍질이 반투명한 흰색으로 변하면서 씨가 붉은 갈색으로 익어가는 것이 비치고, 곧 열매 끝의 이음선이 열리면서 붉은 갈색의 씨가 쏟아진다. 그림①
② 열매는 꽃이 핀 순서대로 익는다. 열매꼭지를 잘라 접시에 말리면 씨가 저절로 쏟아진다.
③ 씨를 받는 즉시 기를 화분에 뿌린다.
④ 밴 곳을 솎아 주고 아침 햇빛이 1~2시간 비치는 곳에 두었다가 여름이 지나면 햇빛의 양을 늘려 준다. 겨울에는 종일 해가 비치는 자리가 좋다.

① 열매의 이음선이 열리면서 붉은 갈색의 씨가 쏟아진다.

 꽃밭

심기
습기가 있는 곳에 씨를 뿌린다. 별처럼 앙증스러운 흰꽃이 많이 피어야 보기에 좋으므로 약간 빽빽한 느낌이 들 정도로 모아 심는다.

늘리기
씨뿌리기

① 애기봄맞이는 꽃이 피는 동안에도 먼저 익은 씨가 땅에 떨어져 싹을 틔운다. 한번 씨를 뿌려 놓으면 해마다 싹이 트는데 3, 4월~9, 10월 내내 한줌의 흙과 습기만 있으면 어디에서나 싹이 터서 자란다.

② 고운 연두색 잎들이 로제트 모양으로 둥글게 모여 겨울을 난다. _그림 ②

③ 봄이 되면 잎자루가 길어지고 꽃줄기가 자라기 시작한다.

② 로제트 모양으로 겨울을 난다.

	1월	2월	3월	4월	5월	6월	7월	8월	9월	10월	11월	12월
어미포기												
씨												
거름			●	●					●			
늘리기												
두는 곳												

큰애기나리

Disporum viridescens (Maxim.) Nakai

과명 백합과 | **약이름, 다른 이름** 녹화보탁초(錄花寶鐸草) | **생육상** 여러해살이풀 | **사는 곳** 숲 속의 큰 나무 그늘 아래서 무리지어 자란다. | **높이** 30~70cm | **꽃 피는 시기** 4~5월

심기
나무 그늘 아래 심는다. 뿌리줄기가 벋어 나가는 힘이 좋아 2~3년이면 그 일대를 덮어 버릴 만큼 잘 자라지만 물빠짐이 나쁜 자리에서는 잘 자라지 못한다. 단정하고 깨끗하게 자란 잎이 보기 좋다.

거름주기
자라는 상태가 그다지 좋지 않을 때에만 봄, 가을에 덧거름으로 완숙퇴비를 한 차례 준다.

늘리기
씨뿌리기
① 늦은 여름~가을에 검게 익은 열매를 딴다. 커다란 열매에만 씨가 들어 있다. _그림 ①_
② 그늘에 말려 열매껍질이 쭈글쭈글해지면 씨를 발라낸다. 열매 하나에 대개 2알의 씨가 들어 있다. _그림 ②_

① 열매는 검은색으로 익는다.
② 겉껍질을 벗겨 낸 씨

③ 정원의 흙을 호미로 파고 씨를 2~3알씩 넣은 다음 흙을 덮고 이름표를 꽂아 준다.
④ 2년차에 꽃을 볼 수 있다.

포기나누기

2~3년 기르면 큰애기나리로 가득 찰 만큼 잘 자라므로 가을에 포기를 캐서 눈이 달린 뿌리줄기를 나누어 심는다. _그림 ③_

③ 눈이 달린 뿌리줄기를 나누어 심는다.

큰천남성

Arisaema ringens (Thunb.) Schott

과명 천남성과 | **약이름, 다른 이름** 유발(由跋), 천남생이 | **생육상** 여러해살이풀 | **사는 곳** 남부 지방 바닷가 근처의 산골짜기나 섬에서 자란다. | **높이** 40cm 안팎 | **꽃 피는 시기** 4~5월

심기
알줄기를 구입할 때는 겉껍질에 상처가 없는 깨끗한 것을 고르고, 분에서 털어낸 알줄기는 깨끗이 씻는다. 화분은 깊이 20cm 안팎, 입지름 10cm 안팎의 큰 것을 고른다. 분 바닥에 콩알 크기의 마사토를 넉넉히 깔고 완숙퇴비를 얇게 한 겹 깐 다음 마사토를 섞은 흙에 심는다. 흙을 약 5cm 두께로 덮어 준다.

햇빛
아침 햇빛이 1시간 정도 드는 밝은 그늘 아래에 둔다.

물주기
겉흙이 마르기 시작하면 흠뻑 준다.

거름주기
봄, 가을(잎이 아직 남아 있으면)에 덧거름으로 덩이거름이나 완숙퇴비를 얹어 주고 물거름을 묽게 희석해서 준다.

늘리기

씨뿌리기

① 10~11월에 열매가 붉게 익고 줄기가 쓰러져 누우면 열매를 따서 겉껍질을 벗기고 씨를 발라낸다._그림 ①
② 씨는 한 알 한 알 심듯이 뿌린다.
③ 3월 하순~4월에 싹이 튼다. 줄기가 어느 정도 자란 5월 중순이나 가을에 옮겨 심는다.
④ 2~3년차에 꽃이 핀다.

알줄기나누기

분갈이할 때 어미알줄기에서 생겨난 새끼알줄기를 떼어 내 옮겨 심는다._그림 ②

> **TIP** 맹독성 식물이므로 어린 아이가 만지거나 입에 대지 않도록 특히 주의한다. 분갈이가 끝나면 손을 깨끗이 씻는다.

① 열매의 겉껍질을 벗겨 씨를 발라낸다.
② 새끼알줄기를 떼어 내어 심는다.

	1월	2월	3월	4월	5월	6월	7월	8월	9월	10월	11월	12월
어미포기												
씨												
거름												
늘리기												
두는 곳												

석곡

Dendrobium moniliforme (L.) Sw.

과명 난초과 | **약이름, 다른 이름** 석곡란(石斛蘭), 석란(石蘭) | **생육상** 여러해살이풀 | **사는 곳** 남부 지방의 햇빛이 잘 드는 바위 절벽 틈이나 나무줄기 등에 뿌리를 내리고 산다. | **높이** 10cm 안팎 | **꽃 피는 시기** 4~5월

심기

뿌리가 공기 중에 드러나 있는 착생란이므로 물이끼나 담쟁이덩굴의 오래 묵은 공기뿌리 등 습기를 어느 정도 머금고 있는 것을 화분 위로 높이 쌓아 놓고 심는다. 꽃이 핀 줄기는 말라죽고 식물체가 크게 자라지 않으므로 모양이 좋은 작은 화분(10~15cm 안팎)에 심는다.

① 분 바닥에 분망을 깔고 작은 소라껍질이나 콩알 크기의 마사토를 조금 깐 다음 물이끼를 반쯤 채운다.
② 물이끼로 석곡의 뿌리 부분을 가볍게 몇 번 감아 뿌리가 거의 보이지 않게 한다.
③ 뿌리목 부분이 화분 위로 솟아오르게 자리를 잡은 다음 화분 가장자리 빈 곳을 물이끼로 채운다.
④ 뿌리목 부분도 물이끼로 보기 좋게 마무리한다.

① 봄 – 꽃이 피고 뿌리목의 눈이 통통하게 두드러지기 시작한다.

햇빛
햇빛이 잘 드는 곳에 둔다.

물주기
물이끼의 겉부분이 마르기 시작하면 물을 준다.

거름주기
봄, 가을에 물거름을 묽게 희석하여 매주 한 번 정도 뿌려 준다.

늘리기
① 봄 : 석곡의 꽃이 핀다. 뿌리목의 눈이 두드러지기 시작한다. _그림 ①

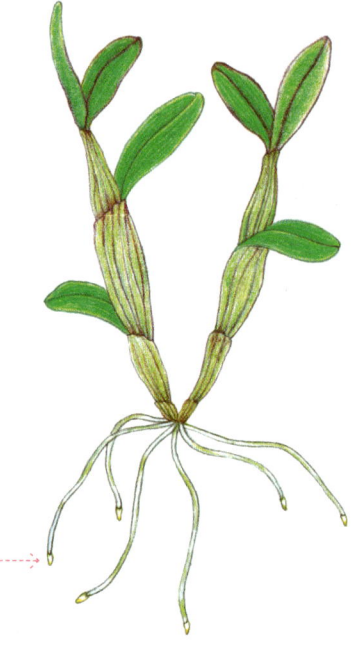

새뿌리 ----→

② 여름 - 눈이 새 포기로 크게 자라고 새 뿌리가 내린다.

③ 가을 - 꽃눈이 생기고 잎이 노랗게 물든다.

② 여름 : 눈이 새 포기로 크게 자라고 새 뿌리가 내린다. 포기나누기는 포기가 완전히 자란 늦은 여름(처서가 지난 다음)에 해주는 것이 좋다. 자신이 생기면 봄, 가을에 해주어도 좋다. _그림 ②

③ 가을 : 늦은 여름부터 꽃눈이 생기기 시작한다. 베란다에서는 꽃이 한 번 더 피기도 한다. 잎이 금빛으로 물든다. 봄에 꽃이 핀 줄기가 마르기 시작한다. _그림 ③

④ 겨울 : 줄기에 잎이 1~2장 달려 있거나 모두 떨어진다. 뿌리목에 눈이 있고 줄기 끝에는 꽃눈이 있으므로 이들이 얼지 않도록 한다. 추위에 강하므로 서리와 찬바람을 피할 수 있는 찬 곳에 둔다. _그림 ④

⑤ 여름에 줄기마디에서 숨은눈(잠아)이 생겨나 자라기도 하므로, 이것이 뿌리를 내리면 묵은 줄기를 붙여 잘라 낸 다음 작은 화분에 옮겨 심는다. _그림 ⑤

⑤ 줄기 윗부분에 생긴 눈은 뿌리가 내리면 옮겨 심는다.

잠아

꽃눈

눈

④ 겨울 – 뿌리목에 눈이, 줄기 끝에는 꽃눈이 있으므로 건조한 곳에 두지 말고 –5℃ 아래로 내려가는 찬 곳에 두지 않는다.

	1월	2월	3월	4월	5월	6월	7월	8월	9월	10월	11월	12월
어미포기	▬	▬	▬	✿	✿	⚘	⚘	⚘				▬
씨	▬	▬	▬	✿	✿	⚘	⚘	⚘				▬
거름				●	●	●			●			
늘리기			🪴	🪴					🪴			
두는 곳					▲	▲	▲					

초롱꽃

Campanula punctata Lam.

과명 도라지과 | **약이름, 다른 이름** 모과풍령초(毛果風鈴草) | **생육상** 여러해살이풀 | **사는 곳** 전국 각지의 햇빛이 잘 드는 산기슭이나 풀밭에서 자란다. | **높이** 40~100cm | **꽃 피는 시기** 6~7월

심기
뿌리줄기가 빠른 속도로 벋어 나가므로 분의 크기나 깊이, 넓이와 상관없이 자주 분갈이를 해주어 필요한 포기만 남긴다. 분 바닥에 콩알 크기의 마사토를 깔고 거친 부엽토 등에 심어 햇빛이 잘 드는 곳에 둔다.

물주기
화분 속에 뿌리줄기가 많이 들어 있으므로 화분의 흙이 지나치게 마르지 않도록 물을 준다.

거름주기
봄에 새잎이 한창 자라고 있을 때, 그리고 가을에 한 번씩 덧거름을 얹어 주고, 물거름을 묽게 희석해서 매주 한 번씩 뿌려 준다.

① 열매는 밝은 갈색, 씨는 갈색으로 익는다.

 꽃밭

심기

봄, 가을에 햇빛이 잘 들고 여름에는 살짝 밝은 그늘이 지는 자리가 좋으나 강한 햇빛 아래서도 잘 자란다. 흙이 메마르고 딱딱하면 풍성하게 핀 꽃을 즐기기 어려우므로 심기 전에 거친 부엽토와 1년 이상 묵힌 나무껍질, 목재 부스러기 등을 완숙퇴비와 함께 섞어 두는 것이 좋다. 한자리에서 계속 자라는 것을 싫어하므로 이어짓기를 피하거나 다른 야생화와 섞어 심는다. 옮겨 심기 전에 항상 땅을 무기물이 풍부한 비옥한 땅으로 만들어 둔다.

② 잘 자란 포기는 뿌리줄기를 많이 만든다.

늘리기

씨뿌리기

① 6월 하순~9월 초순에 씨가 익는다. 열매는 밝은 갈색으로 익는데, 잘 여문 것과 쭉정이를 구별하기가 어렵다. 그림과 같은 모양이면 잘 여문 것이다._그림 ①

② 가을에 씨를 뿌려 밖에서 겨울을 나게 한다. 이듬해 봄에 싹이 튼다.

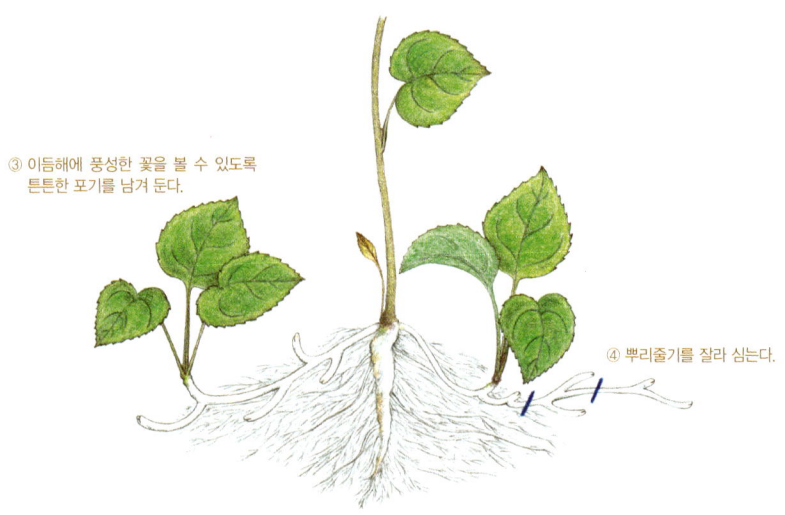

③ 이듬해에 풍성한 꽃을 볼 수 있도록 튼튼한 포기를 남겨 둔다.

④ 뿌리줄기를 잘라 심는다.

③ 잘 자란 포기는 뿌리줄기(호흡뿌리)를 많이 만들어 내므로 이것을 나누어 심는다. _그림 ②
④ 2년차에 꽃이 핀다.

포기나누기
땅속을 기는 뿌리줄기가 사방으로 벋어 나가므로 필요한 양만큼 잘라 심는다. _그림 ④

> **TIP** 꽃이 핀 포기는 말라죽고 1년 묵은 포기에서 꽃이 피므로, 이듬해에 꽃을 볼 수 있는 튼튼한 포기를 남겨 둔다. _그림 ③

	1월	2월	3월	4월	5월	6월	7월	8월	9월	10월	11월	12월
어미포기	▥	▥	⚘	⚘		✿	✿	∴	∴	∴	❧	▥
씨	•••	•••	⚘	⚘							❧	▥
거름			●	●					●			
늘리기			🪴	🪴					🪴	🪴		

꽈리

Physalis alkekengi var. *francheti* (Mast.) Hort

과명 가지과 | **약이름, 다른 이름** 산장(酸漿), 홍고랑(紅姑娘), 꾸아리, 때꽐 | **생육상** 여러해살이풀 | **사는 곳** 전국 각지의 마을이나 마을이 있었던 자리에서 자란다. | **높이** 40~90cm | **꽃 피는 시기** 5~6월

 베란다

심기

햇빛이 잘 드는 난간이 있으면 그곳에 정사각형의 플랜터를 두고 기른다. 흙을 가리지 않는 편이므로 거친 부엽토에 돌부스러기나 쓰다 남은 난전용토 등을 섞어 심어도 좋다.

물주기

뿌리줄기가 쭉쭉 벋어 나가므로 흙이 마르지 않도록 물을 준다. 흙이 메마르거나 햇빛이 너무 강하면 잎이 늘어지므로, 곧 물을 주거나 햇빛을 조금 가려 준다.

① 꽃받침이 길게 자라나 열매를 감싼다.

거름주기
한창 자라는 봄에 덧거름으로 고형비료를 얹어 주거나 물거름을 묽게 희석하여 매주 한두 번 뿌려 준다.

 꽃밭

심기
햇빛이 잘 들고 적당히 메마른 땅에 심는다. 그늘진 곳에서도 오랫동안 살 만큼 생명력이 강하므로 지나치게 번지는 것이 싫을 때는 잎이 지는 나무의 그늘 아래에 심어도 된다.

거름주기
잘 자라지 않거나 크고 탐스러운 열매가 필요할 때는 봄에 덧거름으로 완숙퇴비를 한두 번 준다.

늘리기
씨뿌리기
① 꽈리는 꽃이 진 다음 꽃받침이 길게 자라나 열매를 감싼다._그림 ①
② 꽃받침이 붉게 잘 익은 열매를 따서 꽃받침을 벗겨 내면 열매가 드러난다._그림 ②
③ 열매를 반으로 갈라 씨 고르는 체에 담고 물속에 넣어 손가락으로 가볍게 문질러 주면 씨와 열매살이 서로 나누어진다. 골라낸 씨를 체에 담아 그늘에 말리거나 얇은 면이나 모시에 흩어 말린 다음 털어 낸다._그림 ③
④ 가을에 씨를 뿌리거나 이듬해 3월 중순~하순에 씨를 뿌리면 3주 전후로 싹이 튼다.
⑤ 4월 중순~5월 중순에 옮겨 심는다. 여름에 꽃이 피고 열매를 맺는다. 서리를 맞히지 않은

② 꽃받침을 벗겨 내면 열매가 드러난다.

열매를 수확하고 싶을 때는 따뜻한 곳에서 싹을 틔운다.

포기나누기
① 베란다에서 기른 것은 이른 봄에 분을 털어 분 속을 가득 채운 뿌리줄기를 정리한다. 크고 실한 뿌리줄기 몇 개만 골라 새 흙에 옮겨 심는다.
② 꽃밭에 심은 것은 봄, 가을에 뿌리줄기를 캐서 두세 마디씩 또는 적당한 길이로 잘라 심는다.

③ 열매를 체에 담아 물속에 넣고 문질러 씨와 열매살을 나누어 준다.

꽃장포(돌창포)

Tofieldia nuda Maxim.

과명 백합과 | **약이름, 다른 이름** 나암창포(裸岩菖蒲), 꽃창포풀, 꽃창포 | **생육상** 여러해살이풀 | **사는 곳** 깊은 산속의 습기 있는 바위틈에서 자란다. | **높이** 5~15cm | **꽃 피는 시기** 5~7월

심기
묵은 뿌리를 다듬을 때 새 뿌리의 끝부분이 상처를 입지 않도록 하며 뿌리를 잘 펴서 심는다. 분 바닥에 콩알 크기의 마사토를 깔고 혼합토에 마사토를 넉넉하게 섞어 심거나 보기 좋은 돌에 흙을 붙여 심어 얕고 넓은 물그릇에 올려놓는다. 분에 심은 것은 밖에서 겨울을 나게 한다.

햇빛
아침 햇빛이 2~3시간 비치는 밝은 그늘에 둔다.

물주기
물이 잘 빠지게 심었다면 한창 자랄 때 매일 물을 준다.

거름주기
봄, 가을에 물거름을 묽게 희석하여 매주 한두 번 준다.

① 뿌리목 부분에서 어린포기가 생겨난다.

늘리기
포기나누기
① 봄에 잎 아랫부분에서 어린포기가 생겨나와 가을에 어미포기만큼 자란다. _그림 ①
② 2년 이상 자라면 여러 포기가 생겨나 더부룩해지므로 분갈이를 겸하여 포기나누기를 해준다. _그림 ②
③ 포기를 2~4개씩 나눈 다음 양쪽 엄지와 검지로 잡고 가볍게 비틀어 나누거나 잘 드는 가위 끝으로 포기를 가르듯 나누어 준다. 갈색으로 변한 묵은 뿌리와 마른 잎들을 세지가위로 깨끗이 정리한다. _그림 ③

② 2년 이상 자라면 포기가 더부룩해진다.

꽃 밭

심기
분에 심어 가꾸는 식물이므로 베란다에서 기를 때와 거의 같다. 정원의 돌 틈에 심으면 씨를 뿌려 가꿀 수 있다. 꽃장포는 예민하므로 새싹이 어미포기로 자라도록 옮기지 않고 기르는 것이 좋다.

③ 묵은 뿌리와 마른 잎을 정리하고 포기를 나누어 준다.

	1월	2월	3월	4월	5월	6월	7월	8월	9월	10월	11월	12월
어미포기	◠	◠	🌱	🌱	✿	✿	✿		⁖			◠
씨	•••	•••	🌱	🌱								
거름			•	•					•	•		
늘리기			⌂	⌂					⌂	⌂		
두는 곳					▨	▨	▨	▨				

흰양귀비

Papaver amurense (N. Busch) N. Busch ex Tolm.

과명 양귀비과 | **약이름, 다른 이름** 백화빙도앵속(白花氷島罌粟), 흰두메아편꽃 |
생육상 두해살이풀 | **사는 곳** 두만강, 우수리 강 일대의 강기슭 햇빛이 잘 드는 돌밭이나 모래땅에서 자란다. | **높이** 20~50cm | **꽃 피는 시기** 5~11월

심기
햇빛이 잘 들고 물이 잘 빠지는 자리에 심는다. 햇빛만 잘 들면 어디에서나 쉽게 적응한다. 다른 꽃들과의 어울림이 좋고 서리가 내릴 때까지 꽃이 피며 씨가 많이 생겨나므로 부담 없이 기를 수 있다.

물주기
수분 스트레스가 조금 심한 편이지만 자리만 잘 골라 주면 튼튼하게 자란다. 햇빛은 잘 드는데 흙이 메마르면 여름에 물을 자주 주고, 흙에 습기가 많으면 여름철 장마에 포기가 많이 녹아 버리므로 씨를 많이 받아 듬뿍 뿌려 준다.

① 씨가 저절로 흩어져 날린다.

늘리기
씨뿌리기

① 열매가 익으면 씨가 저절로 흩어져 날리므로 자연스럽게 그냥 두고 밴 곳을 솎아 준다. _그림 ①

② 분에 심어 선물하고 싶을 때는 씨를 받아 바로 화분에 뿌려 준다.

③ 본잎이 한 장 나왔을 때 핀셋으로 모종을 솎아 낸다. _그림 ②

④ 꽃봉오리가 2개쯤 생겼을 때 선물한다. 작은 분에 심어도 꽃달림이 좋다. 분 가장자리로 잎이 늘어지기 시작하면 큰 분에 옮겨 심는다. _그림 ③

> **TIP** 많은 모종이 필요할 때는 씨뿌림상자에 씨를 뿌린 다음 본잎이 1~2장 나왔을 때 작은 분에 잠깐심기(이식)해 준다. 옮겨 심기 전에 작은 분에 미리 젖은 흙을 담아 놓고 끝이 날카로운 도구로 모종의 뿌리 부분 흙을 들어내면 포기가 뽑힌다. 바로 준비해 둔 작은 분에 옮겨 심고 물을 준 다음 밝은 그늘에 7~10일 정도 두었다가 햇빛의 양을 늘려 간다.

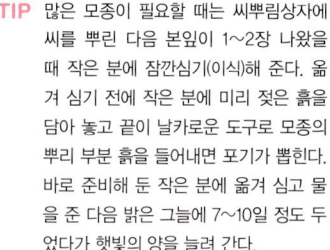

② 핀셋으로 모종을 솎아 낸다.

③ 분 가장자리로 잎이 늘어지기 시작하면 큰 분에 옮겨 심는다.

	1월	2월	3월	4월	5월	6월	7월	8월	9월	10월	11월	12월
어미포기	◡	◡	⚘	⚘	✽	⁖	⁖	⁖	⁖	⁖	⁖	◡
씨			⚬	⚬								◡
거름			●	●	●				●			
늘리기			⬚	⬚								

복수초

Adonis amurensis Regel & Radde

과명 미나리아재비과 | **약이름, 다른 이름** 측금잔화(側金盞花), 설연화(雪蓮花), 눈색이꽃, 얼음새꽃, 복풀 | **생육상** 여러해살이풀 | **사는 곳** 숲 속의 나무 그늘 아래나 들판의 풀밭에서 자란다. | **높이** 10~30cm | **꽃 피는 시기** 2~4월

꽃 밭

심기
늦가을부터 이른 봄까지는 햇빛이 잘 들고, 여름에는 밝은 그늘이 생기는 곳에 심는 것이 좋으나 여름은 복수초가 잠을 자는 시기이므로 하루 종일 햇빛이 드는 자리도 괜찮다. 햇빛보다는 부드럽고 기름진 흙에 물빠짐이 잘 되는 자리를 고르는 것이 더 중요하다.

거름주기
여름에는 잠을 자므로 잎이 살아 있는 봄에 덧거름으로 완숙퇴비를 주고, 가을에 덧거름을 한 번 더 가볍게 흩뿌려 준다. 복수초는 가을에 잠에서 깨어 눈을 움직이기 시작한다.

늘리기
씨뿌리기

① 씨는 황록색 껍질에 싸여 떨어진다.

① 4월 하순~5월 초순에 씨가 익는다. 씨는 황록색의 겉껍질에 싸인 채 떨어지는데 익으면 개미가 먼저 알고 줄기를 타고 올라가므로 이때 씨를 받는다. _그림 ①

② 씨가 모이는 대로 씨뿌림상자에 뿌려 밝은 그늘에 둔다.
③ 나방의 애벌레가 씨를 갉아먹으며 자라므로 깨끗이 씻어 그늘에 말린 다음 뿌리기도 한다.
④ 싹은 이듬해에 트기도 하고 한해가 지난 다음에 트기도 한다. 싹이 아주 잘 트므로 씨는 조금만 구해서 뿌린다.
⑤ 첫해에는 떡잎만 나와서 자라다가 6월 하순~7월 중순 무렵부터 잠을 자기 시작한다. _그림 ②
⑥ 2년차에 본잎이 나온다.

포기나누기

꽃이 지고 난 다음 포기를 캐서 뿌리줄기를 나누어 심는다. 가을에 비늘잎이 둥글게 부풀어 오를 만큼 꽃눈이 자라 있어 옮겨 심다가 꽃눈을 다칠 수 있으므로 가능한 한 잠들기 바로 전에 옮겨 심는 것이 좋다. 잠이 들면 복수초가 어디에 있는지 찾기가 어렵다. _그림 ③

② 씨에서 싹이 튼 모습. 떡잎만 나와 자란다.

③ 가을에 땅속에 든 눈이 둥글게 부풀며 커진다.

	1월	2월	3월	4월	5월	6월	7월	8월	9월	10월	11월	12월
어미포기	◯	✿	✿	✿	◦◦	🌿		◯	◯	◯	◯	◯
씨	◯	◯	⚘	⚘			🌿	◯	◯	◯	◯	◯
거름			●	●								
늘리기									🪴	🪴		
두는 곳				◣	◣							

삼지구엽초

Epimedium koreanum Nakai

과명 매자나무과 | **약이름, 다른 이름** 음양곽(淫羊藿), 선령비(仙靈脾) | **생육상** 여러해살이풀 | **사는 곳** 중부 이북의 산속 나무 그늘 아래, 계곡 주위에서 모여 자란다. | **높이** 30cm 안팎 | **꽃 피는 시기** 4~5월

심기
뿌리줄기가 길게 벋어 나가므로 폭이 넓고 길이가 긴 분이 적당하다. 분 바닥에 마사토를 깔아 물이 잘 빠지게 심는다. 줄기가 곧고 잎 모양이 가지런하고 단정하여 베란다와 잘 어울린다.

햇빛
아침 햇빛이 1~2시간 드는 밝은 그늘 아래 둔다.

거름주기
봄, 가을에 덩이거름을 얹어 주고, 물거름을 묽게 희석하여 매주 한 번 정도 뿌려 준다.

① 익으면 꼬투리가 저절로 터지고 주황색으로 익은 씨가 사방으로 흩어진다.

 꽃밭

심기

밝은 그늘이나 밝은 그늘이 생기는 나무 밑에 심는다. 나무 밑동을 가리는 지피용 식물로도 아주 좋다. 심을 곳의 흙이 딱딱하면 가을에 미리 완숙퇴비와 부엽토 등을 넉넉히 섞어 부드럽게 만들어 주고, 습기가 많은 곳이면 마사토를 조금 섞어 둔다. 삼지구엽초는 물이 잘 빠지는 계곡 근처나 약간 비탈진 곳에서 잘 자란다.

② 잔뿌리가 무성한 묵은 줄기를 나누어 심는다.

거름주기
자라는 상태를 보아 봄, 가을에 덧거름으로 완숙퇴비를 한 번씩 준다.

늘리기
씨뿌리기
① 6월 초순~중순에 씨가 익는다. 씨가 익으면 열매 꼬투리가 저절로 터져 씨가 흩어져 나간다. 받는 즉시 뿌린다. 씨는 윤기 나는 밝은 주황색으로 익는다. _그림①
② 이듬해 봄에 싹이 튼다. 가을에 옮겨 심거나 2년차 되는 봄에 옮겨 심는다.

포기나누기
① 욕심을 부려 무성하게 자라지 않은 포기를 나누지 않는다.
② 땅바닥이 보이지 않을 정도로 무성하게 자라면 잎이 어느 정도 굳어진 봄이나 가을에 포기를 나누어 준다.
③ 건조에 약하므로 뿌리줄기가 마르지 않도록 캐는 즉시 바로 심고 물을 흠뻑 준다.
④ 장마 무렵에 새로 벋어 나가는 줄기에는 뿌리가 많이 생겨나지 않으므로 부득이하게 이 무렵에 포기를 나누게 되었을 때는 잔뿌리가 무성한 묵은 줄기를 꼭 붙여서 나누어 준다. _그림②

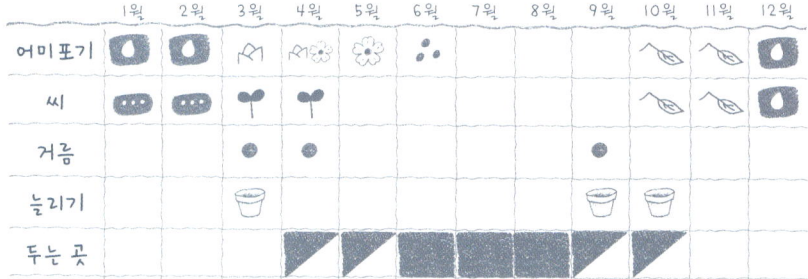

제주양지꽃

Potentilla stolonifera var. *quelpaertensis* Nakai

과명 장미과 | **약이름, 다른 이름** 세지복경위능채(細枝匐莖萎陵菜), 제주덩굴양지꽃 | **생육상** 여러해살이풀 | **사는 곳** 한라산 해발고도 700m 이상의 햇빛이 잘 드는 곳에서 자란다. | **높이** 10cm 안팎 | **꽃 피는 시기** 3~4월

심기

기는줄기가 사방으로 벋어 나가 땅을 덮는데, 잘 자란 포기는 푹신한 느낌이 들 정도로 두툼해진다. 너무 무성해지면 바람이 잘 통하지 않아 여름장마에 포기가 썩거나 여러 가지 병에 걸리기도 하므로 너무 비옥하고 좋은 흙에 심지 않는다. 척박한 듯한 돌 틈이나 메마른 흙에 심어 앙증맞은 모습을 즐기는 것이 좋을 듯하다.

여름철 관리

땅이 비옥할 경우에는 장마철에 습도가 높아지면 바람이 통하지 않는 부분의 잎들이 물러지면서 곰팡이가 피거나 포기 전체가 물러진다. 갈색으로 마른 채 켜켜로 덮인 잎들을 장마가 시작되기 전에 정리해 준다._그림 ①

① 갈색으로 마른 묵은잎을 정리해 준다.

거름주기

포기가 크게 늘어나지 않을 때는 봄, 가을에 덧거름으로 완숙퇴비를 한 번씩 준다.

늘리기

씨뿌리기

황갈색으로 익은 씨를 받아서 뿌린다. 이듬해 봄에 싹이 돋고 본잎이 2~3장 나오면 옮겨 심는다.

포기나누기

굳이 씨를 뿌릴 필요가 없을 정도로 기는줄기가 많이 생기고, 줄기 끝과 잎겨드랑이에서 새로운 포기가 생겨나 주변의 땅을 모두 덮어 버릴 정도이므로 이것들을 떼어 옮겨 심기도 바쁘다. 기는줄기에서 생긴 어린포기가 어느 정도 자라면 가을이나 이듬해 봄에 새로 생겨난 포기를 떼어 내어 옮겨 심는다. 그림 ② 어미포기 곁에 생긴 새 포기에서는 새 뿌리가 잘 생겨나지 않으므로 그대로 두거나 뿌리 상태를 잘 살펴보고 포기를 나누어 준다.

② 어린포기가 이만큼 자라면 옮겨 심는다.

	1월	2월	3월	4월	5월	6월	7월	8월	9월	10월	11월	12월
어미포기	🪴	🪴	✿	✿	🌱		∴	∴			🍃	🪴
씨	⬤	⬤	🌱	🌱							🍃	🪴
거름					●				●			
늘리기					🪴				🪴	🪴		

민들레

Taraxacum platycarpum Dahlst.

| **과명** 국화과 | **약이름, 다른 이름** 포공영(蒲公英), 지정(地丁), 안질방이, 무슨들레 | **생육상** 여러해살이풀 | **사는 곳** 햇빛이 잘 드는 산과 들, 특히 섬 지방에서 흰 민들레와 함께 잘 자란다. | **높이** 15cm 안팎 | **꽃 피는 시기** 4~5월

심기
햇빛이 잘 드는 베란다라면 민들레를 가꾸어 즐길 만하다. 분에 심으면 아주 의젓하고 세련된 멋을 연출한다. 뿌리가 길게 벋어 내리므로 깊이 20cm 안팎의 분을 골라 바닥에 콩알 크기의 마사토를 깐 다음 마사토를 넉넉히 섞은 흙에 심는다.

물주기
겉흙이 마르면 바로 준다. 흙이 마르면 잎이 바로 시들거린다.

거름주기
봄, 가을에 덧거름으로 덩이거름이나 고형비료를 얹어 주고, 물거름을 묽게 희석하여 2주에 한 번 준다.

분갈이
뿌리가 빨리 잘 자라므로 화분 속이 곧 뿌리로 가득 차게 된다. 봄 또는 가을에 분을 털어 그림과 같이 분갈이를 해준다. 묵은잎과 긴 뿌리, 잔뿌리를 과감하게 자르고 물빠짐이 잘 되게 심어 준다. 그림 ①

 꽃 밭

심기

민들레는 서양민들레와 달리 몸집이 크다. 같은 조건에서 서양민들레와 함께 기르면 잎의 크기와 생김새, 꽃줄기 모두 호방한 멋이 있다. 대신 봄 한철에만 꽃이 피고(오후에 꽃잎이 아물 때는 서양민들레보다 30분~1시간 정도 늦게 아문다) 잎만 무성하게 자라므로 민들레 사이사이에 줄기높이가 비슷하고 곧이어 꽃이 피는 식물을 심어 주면 좋다.

늘리기

씨뿌리기

① 씨는 갓털을 달고 날아간다. 날아가기 전에 받아서 뿌리면 싹이 아주 잘 트므로 필요한 양만큼 받아서 뿌린다.
② 이듬해 4월에 싹이 튼다. 새싹은 6월 중순~7월 중순에 잎 가장자리에 굵은 톱니(결각)가 뚜렷하게 생겨나므로 가을에 옮겨 심는다. _그림 ②
③ 옮겨 심을 때 긴 뿌리를 적당한 길이로 잘라 낸다. 남은 뿌리는 땅속에 묻히면 다시 잎과 뿌리를 만들어 내므로 묻히지 않도록 한다. 이것은 음식재료로 쓸 수 있다.
④ 2년차에 꽃이 핀다.

① 화분 속이 굵은 뿌리와 잔뿌리로 가득 찼다. 묵은잎, 긴 뿌리, 잔뿌리를 과감하게 자른다.

포기나누기
싹이 잘 트고 번식력이 좋으므로 큰 포기는 나누지 말고 여러 송이의 꽃을 감상할 수 있도록 남겨 두어도 좋다.

뿌리꽂이
뿌리를 잘라 화분에 꽂아 준다. 기계로 경운한 밭에 민들레가 점점 더 많아지는 것을 상상하면 된다.

② 잎 가장자리에 들쑥날쑥한 톱니가 생겨나면 옮겨 심는다.

	1월	2월	3월	4월	5월	6월	7월	8월	9월	10월	11월	12월
어미포기	◑	◑	☙	❀	❀∴	∴					✿	◑
씨	▭	▭	⚘	⚘							✿	◑
거름			●	●	●				●			
늘리기									⚱	⚱		
두는 곳					◣	◣	◣					

피나물

Hylomecon vernalis Maxim.

과명 양귀비과 | **약이름, 다른 이름** 하청화(荷靑花) | **생육상** 여러해살이풀 | **사는 곳** 중부 이북의 숲 속 나무 그늘 아래서 자란다. | **높이** 30cm 안팎 | **꽃 피는 시기** 4~5월

심기
꽃이 풍성하게 필 수 있도록 깊이 20cm 안팎, 입지름 15cm 안팎의 큰 화분을 준비한다. 분 바닥에 콩알 크기의 마사토를 넉넉히 깔고 거친 부엽토나 혼합토에 팥알 크기의 마사토를 조금 섞어 심는다.

햇빛
아침 햇빛을 1시간 정도 볼 수 있는 자리에 두었다가 늦은 가을(11월)부터 꽃봉오리가 생겨나는 이른 봄(3월 하순) 사이에는 햇빛이 잘 드는 곳에 둔다.

물주기
습기가 많은 흙에서 자라므로 흙이 지나치게 마르지 않도록 한다. 흙이 바싹 마르면 잎과 줄기가 새카맣게 타 버릴 만큼 수분 스트레스에 약하므로, 잎이 살아 있는 동안에는 흙이 마르지 않도록 한다.

① 열매껍질이 울퉁불퉁해지고 씨의 모양이 뚜렷하게 보인다.

거름주기

잎이 살아 있는 동안(여름철 제외) 덧거름으로 덩이거름을 얹어 주고 물거름을 묽게 희석하여 매주 한 번 뿌려 준다.

 꽃 밭

심기

그늘지고 부식질이 많은 부드러운 흙에 뿌리줄기가 살짝 묻힐 정도로 얕게 심는다. 씨를 뿌려 기른 작은 포기도 3년이면 꽃이 풍성하게 피는 큰 포기로 자란다.

늘리기

씨뿌리기

① 5월 중순 무렵 씨가 익기 시작한다. 씨는 익으면 저절로 튀어나가 사방으로 흩어지므로 열매껍질이 울퉁불퉁해지고 갈색으로 보이기 시작할 무렵 줄기를 길게 잘라 봉투에 넣는다. 열매가 역광(逆光)을 받았을 때 씨가 뚜렷하게 보이면 거의 다 익은 것이다. _그림 ①

② 열매 속에 씨가 많이 들어 있지만 보통 2~3개만 여물고 나머지는 쭉정이이다. 씨는 녹색이 감도는 누런 갈색으로 익으며 작은 콩처럼 생겼다. _그림 ②

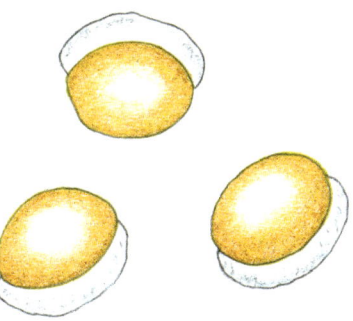

② 씨는 녹색이 감도는 누런 갈색으로 익으며 작은 콩처럼 생겼다.

③ 부엽토 또는 혼합토에 마사토를 섞어 만든 흙에 씨를 뿌려 밝은 그늘에 둔다.

④ 이듬해 봄 싹이 터서 본잎이 2~3장 나오면 옮겨 심는다.

⑤ 2년차 되는 봄 또는 초여름에 꽃이 핀다.

포기나누기

봄, 가을에 새로 생겨난 어린포기를 나누어 심는다. 봄에는 한 포기이지만 장마철이면 4~5포기로 늘어나므로 두 손으로 포기 밑동을 잡고 비늘줄기가 으스러지지 않도록 살짝 비틀어 준다._그림 ③

③ 봄에 심은 한 포기가 장마철에 4~5포기로 늘어난다.

	1월	2월	3월	4월	5월	6월	7월	8월	9월	10월	11월	12월
어미포기												
씨												
거름												
늘리기												
두는 곳												

솜방망이

Tephroseris kirilowii (Turcz. ex DC.) Holub

과명 국화과 | **약이름, 다른 이름** 구설초(狗舌草), 풀솜나물 | **생육상** 여러해살이풀 | **사는 곳** 산과 들의 햇빛이 잘 드는 풀밭에서 자란다. | **높이** 20~60cm | **꽃 피는 시기** 4~5월

심기
햇빛이 잘 드는 곳에 심는다. 물빠짐만 좋으면 흙을 가리지 않고 잘 자란다. 붓꽃과 함께 심으면 두 식물이 한데 어울려서 잘 자라는 데다 푸른 보라색과 밝은 노란색의 어울림이 화려하고 생기발랄해 보인다.

거름주기
크게 기르고 싶으면 봄, 가을에 덧거름으로 완숙퇴비를 가볍게 한 번 뿌려 준다.

늘리기
씨뿌리기
① 6월 초순~중순 할미꽃 씨가 바람에 날릴 무렵 솜방망이의 씨도 함께 날린다. 갓털은 흰색이다. _그림 ①

① 씨는 검은 갈색으로 익으며 갓털은 흰색이다.

111

② 받은 즉시 뿌리거나 가을 또는 이듬해 봄에 뿌린다.
③ 씨를 받자마자 화분이나 꽃밭에 뿌리면 이듬해 4월 하순~5월 중순에 싹이 터서 자란다. 본잎이 2~4장 나왔을 때 옮겨 심는다. _그림 ②

포기나누기
봄, 가을에 어미포기 곁에 붙은 새끼포기를 나누어 심는다.

② 씨에서 싹이 튼 모습. 본잎이 2~4장 나왔을 때 옮겨 심는다.

	1월	2월	3월	4월	5월	6월	7월	8월	9월	10월	11월	12월
어미포기	◨	◨	✿	✿	✿	∴					◊	◨
씨	◨	◨	✿	✿							◊	◨
거름			•	•					•			
늘리기			⬜						⬜	⬜		
두는 곳						◣	◣					

미나리아재비

Ranunculus japonicus Thunb.

과명 미나리아재비과 | **약이름, 다른 이름** 모간(毛茛), 모건초(毛建草), 놋동이, 자래초, 바구지 | **생육상** 여러해살이풀 | **사는 곳** 햇빛이 잘 들고 습기가 많은 풀밭에서 자란다. | **높이** 50cm 안팎 | **꽃 피는 시기** 5~6월

심기
햇빛이 잘 드는 곳이면 흙을 거의 가리지 않는다. 꽃이 싱그러우므로 화려한 분위기를 연출하고 싶다면 비슷한 시기에 꽃이 피는 백선, 하늘매발톱, 범꼬리 등과 함께 심어 주면 좋다. 꽃이 진 다음 줄기를 잘라 주면 곧 새로운 꽃줄기가 올라온다. 기르는 데 어려움이 없지만 너무 메마르고 건조한 흙에 심으면 잎에 응애가 생긴다.

거름주기
상태가 나쁘거나 크고 풍성하게 기르고 싶으면 봄, 가을에 덧거름으로 완숙퇴비를 준다.

늘리기
씨뿌리기
① 8월경부터 씨가 익기 시작한다. 씨는 밝은 갈색으로, 익으면 저절로 떨어진다. 그림
② 받은 즉시 물지님이 좋은 흙에 뿌린다. 봄에 싹이 터서 본잎이 2~3장 나오면 아주심기(정식)한다.

포기나누기
봄, 가을에 눈을 3~4개
단위로 나누어 준다.

씨는 밝은 갈색으로, 익으면 저절로 떨어진다.

	1월	2월	3월	4월	5월	6월	7월	8월	9월	10월	11월	12월
어미포기	▫	▫	🌱	🌿	✿	✿		∴	∴		◠	▫
씨	▭	▭	🌱	🌱							◠	▫
거름				•	•				•			
늘리기			🪴	🪴					🪴			

큰꽃으아리

Clematis patens C. Morren & Decne.

과명 미나리아재비과 | **약이름, 다른 이름** 대화철선연(大花鐵線蓮), 어사리, 응아리 | **생육상** 잎이 지는 덩굴나무 | **사는 곳** 햇빛이 잘 들고 물빠짐이 좋은 숲 가장자리와 냇가의 풀숲 등에서 자란다. | **길이** 2~4m | **꽃 피는 시기** 5~6월

심기

화분은 분갈이하기에 편리하고 보기에도 좋은 거꿀세모꼴(역삼각형)에 깊이 30cm 안팎인 것을 고른다. 심기 전에 구입한 모종의 뿌리를 털어 깨끗이 씻고 상한 뿌리와 묵은 뿌리를 잘라 낸다. 분 바닥에 콩알 크기의 마사토를 넉넉히 깔고 팥알 크기의 마사토와 잘 발효된 완숙퇴비, 혼합토 등을 잘 섞어 분 속을 채운다. 뿌리가 흙에 닿는 부분부터는 퇴비를 섞지 않은 흙을 써서 심는다.

햇빛

늦가을부터 이듬해 5월까지는 햇빛이 잘 들고 꽃필 무렵부터 늦여름까지는 밝은 그늘이 생기는 곳이 좋다.

① 손갈퀴로 굳은 흙과 엉킨 뿌리를 손질한다.

물주기
겉흙이 마르기 시작하면 준다.

거름주기
봄, 가을에 덧거름으로 덩이거름을 올려 주고 물거름을 묽게 희석하여 매주 한 번 뿌려 준다.

> **TIP** 화분에 심은 것은 열매가 여물지 못하므로 꽃이 진 다음에 생겨난 열매를 잘라 낸다.

꽃밭

심기
물이 잘 빠지고 밝은 그늘이 생기는 자리를 골라, 가을에 구덩이를 30cm 깊이로 파고 구덩이 속에 완숙퇴비, 숯조각, 소석회, 부엽토 등을 10cm 두께로 넣은 다음 함께 섞어 둔다. 봄에 모종을 구하여 분을 털고 손갈퀴로 굳은 흙과 엉킨 뿌리를 펴서 손질한 다음 버팀목에 줄기가 잘 감기도록 약간 비스듬하게 심어 준다. _그림 ①

② 씨는 녹색에서 검은 갈색으로 익는다.

거름주기
봄, 가을에 덧거름으로 완숙퇴비를 한 번씩 준다.

늘리기
씨뿌리기
① 11월 하순~12월 초순에 검은 갈색으로 익은 씨를 딴다. 씨는 완전히 익어도 산속에 눈이 제법 쌓일 때까지 떨어지지 않고 달려 있다. 씨는 만져 보아 통통한 느낌이 드는 것을 딴다. _그림 ②
② 씨뿌림상자에 씨를 뿌리고 물을 흠뻑 준다. 겨우내 씨뿌림상자

에 눈이 쌓이게 두고 흙이 지나치게 마르지 않게 해준다.
③ 2월에 갑자기 날씨가 따뜻해지고 봄비 같은 비가 며칠 동안 내린 뒤 일제히 싹이 돋아날 때가 있는데, 이때 싹이 텄다면 3월 추위와 서리에 얼어 죽지 않도록 씨뿌림상자를 서리와 찬바람이 들지 않는 곳으로 옮기고 햇빛을 쐬어 준다. 가을에 옮겨 심는다.

포기나누기
봄, 가을에 어미포기 곁에 생긴 눈을 나누어 심는다.

휘묻이
① 지난해에 자란 묵은 줄기에 엇베듯 칼집을 낸다. 자신이 없으면 칼집을 약하게 내어 칼집 사이에 무명실을 넣고 조금 감아서 묻는다. 꽃봉오리와 열매는 잘라 낸다. _그림 ③
② 칼집 낸 줄기를 화분의 흙에 묻고 흔들리지 않도록 묵직한 돌을 올려 주거나 꽃밭에 직접 묻는다. 어디에 묻건 묻은 줄기가 흔들리지 않게 한다. _그림 ④
③ 잎겨드랑이 사이에서 새싹이 보이기 시작하면 뿌리가 내리기 시작한 것이다. _그림 ⑤
④ 새싹이 보이면 줄기를 잘라 준다. _그림 ⑥

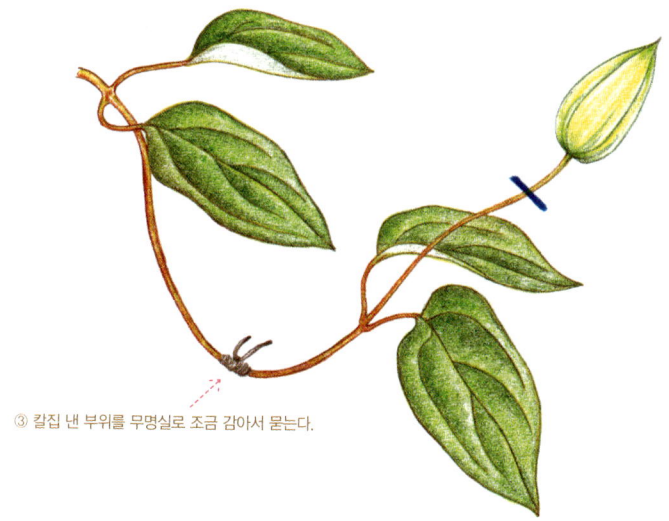

③ 칼집 낸 부위를 무명실로 조금 감아서 묻는다.

④ 묻은 줄기가 흔들리지 않게 한다.
⑥ 줄기를 잘라 준다.
⑤ 잎겨드랑이에서 새싹이 나기 시작한다.

꺾꽂이
꽃이 진 다음 가지 윗부분에서 세 마디를 잘라 줄기의 위, 아래가 바뀌지 않게 꺾꽂이상자에 꽂아 밝은 그늘에 둔다.

덩굴손질
지난해에 자란 묵은 줄기에서 꽃이 피므로 손질할 때 덩굴이 부러지지 않도록 조심한다.

	1월	2월	3월	4월	5월	6월	7월	8월	9월	10월	11월	12월
어미포기												
씨												
거름												
늘리기												
두는 곳												

애기기린초

Sedum middendorffianum Maxim.

| **과명** 돌나물과 | **약이름, 다른 이름** 구경천(狗景天), 각시기린초, 애기꿩의비름 | **생육상** 여러해살이풀 | **사는 곳** 경기 이북 지방, 특히 북한의 고산지대 바위 겉이나 돌담, 돌무더기 등에서 많이 자란다. | **높이** 20cm 안팎 | **꽃 피는 시기** 5~6월

 꽃 밭

심기
하루 종일 햇빛이 들고 물이 잘 빠지는 곳에 심는다. 소박한 돌이나 기와를 몇 장 쌓은 다음 빈 공간에 마사토가 많이 섞인 흙을 넣고 심으면 잘 자란다.

물주기
가뭄이 아주 심하여 생기가 없을 때나 잎에 먼지가 많이 쌓였을 때 물을 준다. 분에 심은 것은 겉흙이 마르면 곧 준다.

거름주기
거름기가 많으면 잎과 줄기가 커지고 늘어져서 볼품이 없으므로 자라는 상태를 보아 봄, 가을에 덧거름으로 완숙퇴비를 한 번 흩뿌려 준다.

① 붉은 갈색의 작은 씨가 흩어져 날린다. 누런 갈색으로 변한 열매는 씨가 날아간 것이다.

늘리기

씨뿌리기

① 씨뿌림흙(배양토)에는 마사토를 넉넉히 섞어 물이 잘 빠지게 해준다.
② 열매가 붉게 익으면서 벌어지고 붉은 갈색의 작은 씨가 흩어져 날린다. 빛바랜 볏짚색이나 갈색으로 변한 열매는 이미 씨가 날아가 버린 것이다. _그림 ① 씨는 받은 즉시 뿌리거나 이듬해 봄에 뿌린다. 5월 초순경에 씨를 뿌리면 20일 전후로 싹이 튼다.

② 새싹이 달린 줄기마디를 잘라 심는다.

포기나누기

늦가을부터 줄기가 나뭇가지처럼 딱딱해지며(목질화), 봄에 딱딱한 줄기마디와 뿌리목 부분에서 새싹이 돋는다. 이것을 봄, 가을에 나누어 심거나 새싹이 달린 줄기마디를 잘라 심는다. _그림 ②

잎꽂이

장마철에 저절로 떨어진 잎에서 뿌리가 나는 일이 많다. 장마철에 잎을 흙에 꽂아 밝은 그늘에 두면 뿌리가 내리고 이 상태로 죽지 않고 밖에서 겨울을 난다.

꺾꽂이

늦봄~장마철에 새 줄기를 3~5cm 길이로 잘라 꽂아 주면 작은 키에서 많은 가지가 생겨나 보기 좋다. 꺾꽂이한 분에 물을 너무 많이 주면 뿌리가 내리기 전에 줄기가 먼저 썩으므로 주의한다.

	1월	2월	3월	4월	5월	6월	7월	8월	9월	10월	11월	12월
어미포기	◡	◡	✿	✿	❀	❀			⋮	⋮	◢	◡
씨	⋯	⋯	♀	♀							◢	◡
거름				●					●			
늘리기			⌒	⌒					⌒	⌒		

가락지나물

Potentilla anemonefolia Lehm.

과명 장미과 | **약이름, 다른 이름** 사함(蛇含), 쇠스랑개비 | **생육상** 여러해살이풀 | **사는 곳** 햇빛이 잘 드는 들녘이나 논둑, 묵정논 등에서 자란다. | **높이** 20~60cm | **꽃 피는 시기** 5~7월

심기

물기가 적당히 있는 점토질의 딱딱한 흙에서 잘 자란다. 대개 버려진 지 얼마 되지 않아 경쟁상대가 거의 없는 묵정논에서 가장 보기 좋게 자란다. 가락지나물은 넓고 둥글게 퍼져 나가므로 간격을 넓게 하여 하루 종일 햇빛이 드는 곳에 심어 놓으면 샛노란 꽃들이 금가락지처럼 둥근 모양을 이루며 피어 가락지나물이라는 이름을 실감하게 한다. _그림 ① 늦가을에 붉게 물 드는 잎도 아름답다.

① 샛노란 꽃이 금가락지처럼 둥근 모양을 이루며 핀다.

거름주기
잘 자라면 둥글게 퍼져 나가는 길이가 50~60cm에 이른다. 풍성하게 기르려면 봄에 덧거름으로 완숙퇴비를 두 번 정도 준다.

늘리기
씨뿌리기
8~9월에 씨가 황갈색으로 익으면 받아서 씨뿌림상자에 뿌린다. 2년차에 꽃이 핀다. _그림 ②

포기나누기
크게 자란 포기는 1년에 한 번 나누어 준다. 줄기 마디에서도 뿌리가 내리므로 이것을 키워 포기를 늘려 나간다. _그림 ③

③ 줄기마디에서 뿌리가 내린다.

② 씨는 황갈색으로 익는다.

	1월	2월	3월	4월	5월	6월	7월	8월	9월	10월	11월	12월
어미포기	◻	◻	✿	✿	✿	✿	✿	⋮	⋮		◊	◻
씨	⋯	⋯	❀	❀							◊	◻
거름				●	●				●			
늘리기				⊔	⊔				⊔			

땅채송화

Sedum oryzifolium Makino

과명 돌나물과 | **약이름, 다른 이름** 도엽경천(稻葉景天), 각시기린초 | **생육상** 여러해살이풀 | **사는 곳** 바닷가와 바닷가 근처의 바위 곁에서 자란다. | **높이** 5~12cm | **꽃 피는 시기** 5~6월

꽃밭

심기

하루 종일 햇빛이 들고 물이 잘 빠지는 바위 틈에서 잘 자라므로, 둥글둥글하고 투박한 돌 몇 개를 모아 놓고 돌 틈 사이의 빈 곳에 마사토와 흙을 섞어 채운 다음 땅채송화를 심는다. 비옥한 흙에 심으면 줄기와 잎에 붉은색이 선명하게 나타나지 않고 초록색으로 무성하게 자라 돌을 모두 덮어 버리므로 주의한다. 자생지에서처럼 흙 대신 솔잎을 한 켜 정도 깔아 주어도 좋다.

① 붉은색으로 물들고 작고 통통하게 자라야 사랑스럽다.

② 그늘에서 자라면 줄기가 길게 늘어지고, 붉은색이 거의 없으며 탁한 녹색이 된다.

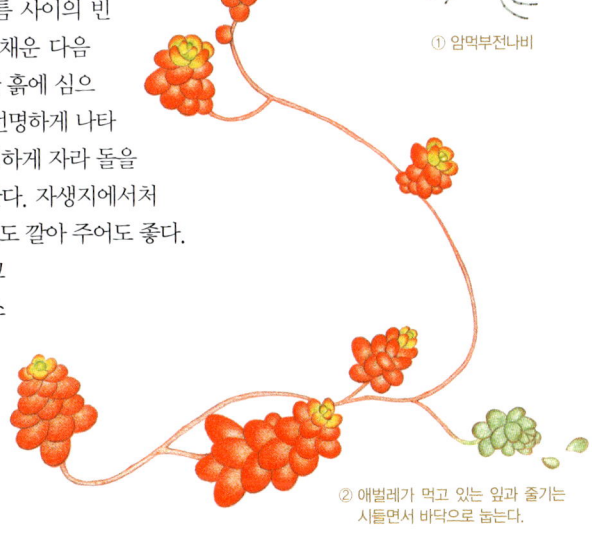

① 암먹부전나비

② 애벌레가 먹고 있는 잎과 줄기는 시들면서 바닥으로 눕는다.

123

③ 암먹부전나비_그림 ①가 알을 낳으면 애벌레가 땅채송화를 먹으며 자란다. 애벌레가 먹고 있는 줄기와 잎은 생기를 잃고 시들어 간다._그림 ②

늘리기
씨뿌리기
열매가 익으면 씨를 받아 뿌린다. 굳이 씨를 받아 뿌리지 않아도 포기 주변에 씨가 떨어져 새싹이 돋아나므로 이것을 옮겨 심어도 된다._그림 ③

포기나누기
봄, 가을에 포기를 나누어 심는다.

③ 열매는 붉게 익으며 씨는 싹이 잘 튼다.

	1월	2월	3월	4월	5월	6월	7월	8월	9월	10월	11월	12월
어미포기												
씨												
거름				●					●			
늘리기												

말똥비름

Sedum bulbiferum Makino

과명 돌나물과 | **약이름, 다른 이름** 주아경천(珠芽景天), 주아불갑초(珠芽佛甲草), 알돌나물, 말통비름 | **생육상** 두해살이풀 | **사는 곳** 햇빛이 잘 들고 물빠짐이 좋은 논밭 근처와 개울가의 모래흙이나 바위틈에서 자란다. | **높이** 7~20cm | **꽃 피는 시기** 5~6월

심기
햇빛이 직접 닿는 베란다의 돌출된 난간에 놓으면 좋다. 10cm 정도의 얕은 분을 골라 물이 잘 빠지게 심는다. 흙에는 마사토를 넉넉히 섞어 준다. 곧고 가지런하게 자란 줄기에 핀 소박한 노란 꽃의 모습이 보기에 좋다.

물주기
겉흙이 마르면 준다. 돌나물과 식물은 건조에 강하지만 너무 건조하게 두면 잎에 생기가 없고 진딧물이 생겨나기도 한다. 물을 흠뻑 주면 곧 좋아진다.

거름주기
거름을 너무 많이 주면 줄기가 곧게 서지 않고 늘어지기도 하므로 자라는 상태를 보아 가며 봄, 가을에 물거름을 묽게 희석하여 매달 한두 번 준다.

① 잎겨드랑이에서 구슬눈이 생긴다.

② 성숙한 구슬눈은 저절로 떨어진다.

 꽃밭

심기
햇빛이 잘 드는 곳에 심는다.

늘리기
구슬눈으로 늘리기
① 꽃이 진 다음 씨가 생기지 않고 잎겨드랑이에 구슬눈(주아)이 생긴다. _그림 ①
② 구슬눈은 성숙하면 잎겨드랑이에서 저절로 떨어진다. _그림 ②
③ 구슬눈을 모아 원하는 장소나 화분에 꽂아 주듯 심거나 땅에 떨어져 자연스럽게 자라도록 놓아둔다. 떨어지면 곧 뿌리를 내리고 새로운 포기를 만들어 나간다. _그림 ③

포기나누기
봄에 포기를 나누어 심는다.

꺾꽂이
줄기를 잘라 꽂는다.

③ 땅에 떨어지면 곧 뿌리를 내린다.

	1월	2월	3월	4월	5월	6월	7월	8월	9월	10월	11월	12월
어미포기	⌣	⌣	🌱	🌿	✿	✿	◠					⌣
거름			●	●					●			
늘리기			🪴	🪴			🪴		🪴	🪴		

들현호색

Corydalis ternata Nakai

| **과명** 양귀비과 | **약이름, 다른 이름** 야자근(野紫菫), 삼출엽자근(三出葉紫菫) | **생육상** 여러해살이풀 | **사는 곳** 남부, 중부 지방, 평안남도 이남의 논두렁, 밭두렁과 주변의 풀밭 등에서 자란다. | **높이** 15~20cm | **꽃 피는 시기** 3~4월

꽃 밭

심기

봄, 가을에는 햇빛이 잘 들고 여름에는 풀그늘에 가려지는 물빠짐이 좋은 자리를 골라 심는다. 땅속에는 여러 개의 알줄기가 가는 실뿌리에 이어지듯 달려 있지만 알줄기에서 모두 잎과 줄기가 돋아나지는 않는다. 이른 봄에 나오는 잎은 녹회색 바탕에 자주색 무늬가 있지만 _그림 ①_ 자라면서 연초록색으로 바뀐다. 봄 들판에 피는 작은 야생초들과 한데 섞어 심으면 가녀리게 생긴 식물들이 만들어 내는 빈틈을 어느 정도 메워 주면서 함께 잘 어울린다.

① 이른 봄에 나오는 잎에는 붉은 자주색 얼룩무늬가 있다.

늘리기

씨뿌리기

① 한 꼬투리에 2~3개 안팎의 씨가 들어 있으며, 5월에 꼬투리가 두 쪽으로 갈라지면서 씨가 튀어나온다. 씨는 검은색이다. _그림 ②_

② 받은 즉시 뿌린다. 이듬해 3~4월에 싹이 트는데, 잎에 자주색

이 많이 들어 있다. 현호색처럼 첫해에는 싹이 몇 개 트지 않다가 이듬해에 한꺼번에 올라오기도 한다.

알줄기나누기

잠을 자는 가을에 알줄기를 옮겨 심는다. 작은 알줄기와 떨어져 나간 알줄기가 많으므로 꽃밭을 일정한 넓이로 파고 흙과 알줄기를 섞어 심는다. 실뿌리와 알줄기가 끝없이 이어져 있는 듯 보이고 알줄기가 저절로 떨어져 나가기도 하므로, 들현호색은 한번 심어 놓으면 그 자리에서 완전히 정리하는 데 시간이 조금 걸릴 수도 있다._그림 ③

② 씨는 검은색이다.

③ 실뿌리와 알줄기가 길게 이어져 있다.

	1월	2월	3월	4월	5월	6월	7월	8월	9월	10월	11월	12월
어미포기	■	■	✿	✿	∴	🍃	■	■	■	■	■	■
씨	■	■	🌱	🌱		🍃	■	■	■	■	■	■
거름			●	●	●							
늘리기			🪴						🪴	🪴		
두는 곳					▓	▓	▓	▓	◣			

앵초

Primula sieboldii E. Morren

과명 앵초과 | **약이름, 다른 이름** 연형화(蓮馨花), 취란화(翠蘭花), 앵미, 배춧잎나물 | **생육상** 여러해살이풀 | **사는 곳** 산속의 고운 모래흙이 쌓여 있는 개울가, 냇가 습지 등에서 무리지어 자란다. | **높이** 15~40cm | **꽃 피는 시기** 4~5월

심기
분 바닥에 콩알 크기의 마사토를 깔고 혼합토에 마사토를 섞은 흙을 채운 다음 눈이 달린 뿌리줄기를 가지런히 펼쳐 놓거나 뿌리를 펼친 포기를 올려놓은 다음 녹두알 크기의 마사토를 1~2cm 두께로 덮어 준다.

햇빛
꽃이 피고 잎이 한창 자랄 무렵에는 아침 햇빛이 잘 드는 밝은 그늘에 두고, 잠이 들기 시작하는 6월 무렵부터 이듬해 봄 새싹이 날 때까지는 아침 햇빛을 충분히 보는 자리에 두어야 눈과 뿌리줄기가 굵어지고 꽃달림도 좋다.

물주기
물을 좋아하므로 겉흙이 마르기 시작하면 곧 흠뻑 준다.

거름주기
새 잎이 돋아나고 꽃눈이 올라올 무렵에 덧거름으로 덩이거름을 얹어 주고 물거름을 묽게 희석하여 매주 두 번 정도 뿌려 준다.

 **꽃밭**

심기
키가 작고 여름에는 잎이 시들어 없어지지만 꽃이 예쁘고 오래도록 피어 있으므로 꽃밭 앞쪽이나 돌 틈 사이, 봄 한철 포인트를 주고 싶은 자리에 무리지어 심어 놓는다. 자생지에서는 사초류, 천남성류, 삼지구엽초, 큰애기나리 사이에서도 잘 자란다.

늘리기
씨뿌리기
① 6월에 씨가 익는다. 열매꼭지가 돔(dome) 모양으로 커지고 누르스름하게 물이 들면 씨가 익어가는 중이다. 완전히 익으면 열매꼭지가 저절로 벗겨져 씨가 쏟아져 내린다. _그림 ①
② 즉시 뿌리거나 이듬해 3월 중순에 씨뿌림상자에 뿌려 햇빛이 잘 드는 곳에 둔다. 봄에 뿌리면 한 달 전후로 싹이 튼다.

① 열매가 익으면 돔 모양의 열매꼭지가 벗겨지고 씨가 쏟아져 내린다.

③ 밴 곳을 솎아 내고 가을에 아주심기한다. 어린 새싹을 잠깐심 기할 때는 반드시 밝은 그늘에 옮겨 심는다. 밝은 그늘에서는 적응을 잘 하지만 햇빛이 잘 드는 곳에 옮겨 심은 것은 더디게 자라거나 잎이 한 장 정도 늦게 나오거나 덜 나오기도 한다.
④ 2년차에 꽃이 핀다.

포기나누기
굵고 살진 뿌리줄기를 나누어 심는다. 봄에 뿌리줄기 1개를 나누어 심으면 여름~가을에 여러 개의 뿌리줄기가 생겨나 방사상으로 퍼져 나간다. _그림 ②_ 뿌리줄기 끝에서 잎과 꽃이 생겨나므로 분에 심을 때 참고한다.

② 봄에 뿌리줄기 1개를 심으면 여름~가을에 여러 개의 뿌리줄기가 방사상으로 퍼져 나간다.

금낭화

Dicentra spectabilis (L.) Lem.

| **과명** 양귀비과 | **약이름, 다른 이름** 하포목단(荷包牧丹), 며느리주머니꽃, 며눌취
| **생육상** 여러해살이풀 | **사는 곳** 깊은 산 골짜기나 바위틈에 무리지어 자란다.
| **높이** 40~50cm | **꽃 피는 시기** 4~5월

심기
뿌리가 굵고 이리저리 잘 벋어 나가므로 깊고 넓은 분을 고른다. 분 바닥에 콩알 크기의 마사토를 깔고 마사토와 거친 부엽토, 혼합토 등을 섞어 심는다.

햇빛
봄에 새싹이 올라오기 시작할 무렵부터 꽃이 피어 있는 동안에는 아침 햇빛이 잘 드는 곳에 두고, 잠을 자기 위해 잎이 시들어 가는 여름부터 이듬해 꽃필 무렵까지는 햇빛이 잘 드는 곳에 둔다.

물주기
겉흙이 마르면 흠뻑 준다. 특히 싹이 트고 꽃이 피는 동안 흙이 너무 마르지 않도록 한다.

① 껍질 속에 든 씨가 살짝 비쳐 보인다. 껍질을 벗겨 보면 검게 익은 씨가 들어 있다.

거름주기
거름을 좋아하므로 봄에 완숙퇴비나 덩이거름을 잘게 부숴 넉넉하게 얹어 주고 물거름을 묽게 희석하여 매주 한 번 뿌려 준다.

늘리기
포기나누기
눈이 움직이기 시작하는 이른 봄이나 가을에 분갈이를 겸하여 매년 옮겨 심으면서 포기를 나누어 준다. 매년 옮겨 심지 않으면 서로 얽힌 굵은 뿌리를 손질하기가 힘들다.

꽃밭

심기
아침 햇빛이 잘 드는 곳에 심는다. 어디에서나 잘 자라므로 특별히 관리할 필요는 없다.

거름주기
땅이 너무 척박하면 가을에 완숙퇴비를 섞어 잘 갈아 두었다가 봄에 모종을 옮겨 심는다.

② 씨에서 싹이 튼 모습. 본잎이 막 나와 자랄 무렵부터 잠깐심기를 할 수 있다.

늘리기
씨뿌리기
① 6~7월에 열매가 익는다. 열매를 역광에 비춰 보면 껍질 속에 든 씨가 살짝 비치듯 보인다. 이때 열매를 따서 까 보면 까맣게 익은 씨가 들어 있다. 완전히 익은 열매는 손가락만 갖다 대도 톡 터지면서 씨가 사방으로 흩어진다. 열매를 눈이 촘촘한 그물주머니에 담아 바람이 잘 통하는 반그늘에 두었다가 씨와 껍질을 분리한다._그림 ①
② 씨를 뿌리면 새싹이 아주 잘 튼다. 받은 즉시 뿌리고 흙이 마르

지 않도록 물을 준다. 10월 전후로 몇 개의 싹이 트기도 하지만 본격적으로 싹이 트는 것은 이듬해 3~4월이다. 새싹을 빨리 틔우고 싶으면 씨뿌림상자를 1월 초순경에 따뜻한 곳으로 옮겨 준다. 그러면 20일 전후로 싹이 튼다.

③ 늦서리가 그치는 4월 중순~하순에 새싹을 옮겨 심는다. 옮겨 심기는 본잎 한 장이 나온 새싹이 3~4cm 크기로 자랐을 때부터 할 수 있다. 어린 새싹은 작은 비닐분에 잠깐심기(이식)해 준다. _그림 ②

④ 잠깐심기한 새싹에서 줄기와 본잎이 생겨나 자라기 시작하는 5~6월에 아주심기(정식)를 하면 안전하게 잘 자란다. _그림 ③ 잘 자란 새싹은 7월 초순~중순에 큰 포기가 되고 몇 송이의 꽃을 피우지만 봄에 피는 것처럼 예쁘지는 않다. 꽃줄기를 잘라 준다.

포기나누기

필요한 포기를 삽으로 캐서 옮겨 심는다. 땅속에 남아 있는 뿌리에서도 싹이 돋아나 새로운 포기가 되므로 원치 않는 포기를 구제하려면 뿌리를 깨끗이 캐낸다.

TIP 꽃밭에 한 포기 심어 놓으면 이듬해 봄부터 여기저기에서 새싹이 돋아나 자랄 만큼 싹이 잘 트고 종자수명도 긴 편이다. 습도가 높은 곳에서 싹이 잘 튼다.

③ 줄기와 본잎이 생겨나 자라기 시작하는 5~6월에 아주심기한다.

	1월	2월	3월	4월	5월	6월	7월	8월	9월	10월	11월	12월
어미포기	■	■	✿	✿	✿	∴	∴	■	■	■	■	■
씨	●	●	⚘	⚘			✿	✿	●	●	●	●
거름			●	●	●							
늘리기			⚱	⚱					⚱	⚱		
두는 곳					◣	◣	◣					

자란

Bletilla striata (Thunb. ex Murray) Rchb. f.

과명 난초과 | **약이름, 다른 이름** 백급(白芨), 연급초(連及草), 대암풀 | **생육상** 여러해살이풀 | **사는 곳** 남부 지방, 특히 여러 섬 지방과 내륙의 해안가에서 자란다. | **높이** 50cm 안팎 | **꽃 피는 시기** 4~5월

심기

분 바닥에 콩알 크기의 마사토를 깔고 부엽토나 혼합토에 마사토를 섞어 심거나 난을 심듯 난 전용토에 심어 거짓알줄기에 신선한 공기가 잘 드나들게 해준다. 꽃이 진 다음에는 열매가 맺히지 않도록 꽃줄기를 뽑아 준다. 줄기 밑부분을 엄지와 검지로 가볍게 잡고 꽃줄기를 당기면 쉽게 뽑힌다. 자란은 새우난초보다 추위에 약하므로 안전하게 겨울을 나려면 서리와 눈이 직접 닿지 않으며 -5℃ 이하로 내려가지 않는 곳에 두는 것이 좋다.

햇빛

꽃이 피어 있는 동안에는 밝은 그늘에 두고 꽃이 진 다음에는 아침 햇빛이 잘 드는 밝은 그늘에 두면 거짓알줄기가 굵어져서 꽃달림이 좋다. 잎 가장자리에 든 복륜(覆輪) 무늬 등을 감상할 때는 잎끝이 타지 않도록 밝은 그늘에 두는데, 실하게 잘 기른 큰 포기는 햇빛을 많이 보아도 잎끝이 잘 타지 않는다.

물주기

겉흙이 희게 마르면 흠뻑 준다. 매일 물을 주면 거짓알줄기가 썩는

다. 상태가 좋으면 뿌리가 곧 분 속에 가득 차게 되는데 이때는 흙이 지나치게 마르지 않도록 한다.

거름주기

봄, 가을에 겉흙 위에 덩이거름이나 고형비료를 얹어 주고 물거름을 묽게 희석해서 매주 한 번씩 준다.

② 새 뿌리의 끝부분이 다치거나 잘리지 않도록 주의한다.

① 거짓알줄기를 2~3개씩 붙여 나눈다.

꽃밭 - 중부 이북 지방

심기

남부 지방에서는 꽃밭에 심어 기르면 5월에 화사한 진분홍꽃들을 볼 수 있다. 서울과 경기 지역에서는 햇빛이 잘 드는 꽃밭에 심어 11월에 잘 부숙된 부엽토를 한 겹 덮은 다음 그 위에 비닐을 두 장쯤 덮고 비닐이 날아가지 않도록 돌로 눌러 겨울을 나게 한다. 4월 중순경에 비닐을 걷어 낸다.

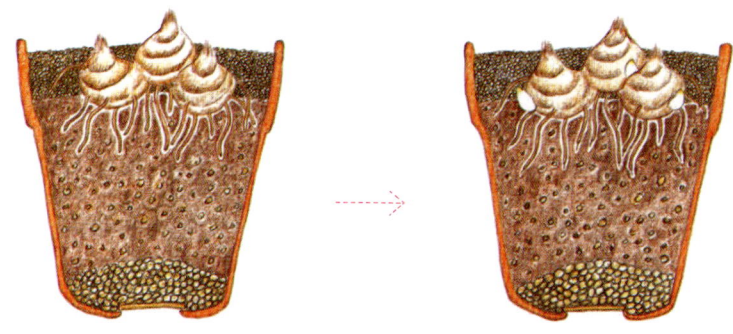

③ 거짓알줄기는 2/3 깊이로 묻히거나 끝부분만 살짝 보이도록 심는다.

늘리기
포기나누기

봄, 가을에 거짓알줄기를 2~3개씩 붙여 나누어 심는다. _그림 ① 잎이 없는 거짓알줄기에 달린 묵은 뿌리는 잘라 주고 새로 난 뿌리는 자르지 않는다. 특히 새로 난 뿌리의 끝부분이 가위나 칼날에 다치거나 잘리지 않도록 한다. _그림 ②

잎이 없는 묵은 거짓알줄기도 묵은 뿌리를 깨끗이 다듬은 다음 거짓알줄기가 2/3 정도 묻히도록 심거나, 지나치게 건조한 곳에서는 끝부분만 살짝 보이도록 심어 놓으면 장마철 전후로 새싹이 생겨난다. 이듬해 봄 또는 가을에 옮겨 심는다. _그림 ③

자운영

Astragalus sinicus L.

과명 콩과 | **약이름, 다른 이름** 마초자(馬艼子), 미포대(米布袋), 초자(草子) | **생육상** 두해살이풀 | **사는 곳** 귀화식물로 햇빛이 잘 드는 풀밭과 논두렁, 밭두렁에서 잘 자라고 지금은 관상용으로 재배한다. | **높이** 10~30cm | **꽃 피는 시기** 4~5월

 꽃 밭

심기

햇빛이 잘 들고 물기가 있는 곳에 심는다. 옮겨 심는 것을 그다지 좋아하지 않으므로 씨를 받아 뿌리는 것이 좋다.

늘리기

씨뿌리기

① 5월 초순부터 열매가 익는다. 열매껍질이 검게 물들면 다 익은 것이다. 여행 중에 씨를 받을 수 있는 기회가 생기면 껍질이 녹색에서 갈색으로 변해가는 자운영을 줄기째 잘라 와 그늘에서 말린 다음 씨를 받는다.

② 꽃의 화사한 모습과는 다르게 열매는 좀 기괴한 모양으로 검게 익으므로 완전히 익은 상태임을 곧 알 수 있다. 씨는 한 꼬투리에 8개 정도 들어 있으며, 납작하고 녹색이 감도는 밝은 갈색으로 촉감이 매끄럽고 시원하다. 그림

③ 자운영은 가을에 씨를 뿌리고 이듬해 봄 꽃이 핀 다음 죽는 월년초(두해살이풀)이다. 9월 하순~10월 중순에 씨를 뿌린다. 너무 늦게 뿌려 가을에 싹이 트지 못한 것은 이듬해 4월 초순~중순에 싹이 트는데, 꽃이 피는 시기는 겨울에 싹이 튼 것과 별

차이가 없다.
④ 새싹으로 겨울을 난 다음 꽃이 피고 열매가 맺힌다. 너무 메마른 땅에 심으면 꽃줄기에 진딧물이 많이 생긴다. 적정한 습도를 유지해 준다.

열매껍질이 검은색으로 익어가기 시작하면 줄기째 자른다. 씨는 녹색이 감도는 밝은 갈색이다.

갯장구채

Silene aprica var. *oldhamiana* (Miq.) C. Y. Wu

과명 석죽과 | **약이름, 다른 이름** 자화여루채(紫花女婁菜), 자주개장구채, 자줏빛장구채 | **생육상** 두해살이풀 | **사는 곳** 남부 지방 바닷가 일대와 들녘에서 자란다. | **높이** 50cm 안팎 | **꽃 피는 시기** 4~5월

심기
햇빛이 잘 들고 물빠짐이 좋은 곳에 심는다. 고운 모래가 섞인 부드러운 흙에서 잘 자라므로, 흙이 딱딱하면 강모래와 부엽토 등을 섞어 준다. 풍성하게 자란 포기에서 연분홍꽃이 일제히 핀 모습이 보기에 좋으므로 여러 포기를 한자리에 모아 심는다.

물주기
흙이 지나치게 마르지 않도록 가뭄이 심할 때는 반드시 물을 준다.

거름주기
봄, 가을에 덧거름으로 완숙퇴비를 한 번씩 준다.

늘리기
씨뿌리기
① 꽃이 피는 동안 먼저 핀 꽃은 열매가 되어 익는다. 씨는 회색이 감도는 밝은 갈색이다. 장마 무렵에 열매가 많이 익으므로 이 무렵에 줄기를 한 번 깨끗이 베어 낸다. _그림
② 씨를 받자마자 바로 뿌리면 돋아난 새싹들이 대부분 장맛비에

녹아 버린다. 장마철에는 어린 새싹을 비가 닿지 않는 곳으로 잠깐 옮겨 두거나 장마철이 지난 다음에 씨를 뿌린다.
③ 가을에 원하는 자리로 옮겨 심는다.

꽃이 피는 동안 먼저 익은 열매의 씨앗이 땅에 떨어져 새싹이 돋는다. 씨는 회색이 감도는 갈색이다.

	1월	2월	3월	4월	5월	6월	7월	8월	9월	10월	11월	12월
어미포기	⬛	⬛	🌱	✿	✿	∴	∴					
씨								⬛	⬛	🌱	🌱	⬛
거름				●	●							
늘리기				🪴					🪴	🪴		

할미꽃

Pulsatilla koreana (Yabe ex Nakai) Nakai ex Mori

과명 미나리아재비과 | **약이름, 다른 이름** 조선백두옹(朝鮮白頭翁), 백두옹(白頭翁), 가는할미꽃 | **생육상** 여러해살이풀 | **사는 곳** 햇빛이 잘 드는 남쪽 방향의 산기슭이나 무덤가에 모여 자란다. | **높이** 20~40cm | **꽃 피는 시기** 4~5월

심기
분 깊이에 맞추어 뿌리를 적당하게 잘라 낸 다음(1/3 정도 잘라 내는 것이 적당하다), 분 바닥에 콩알 크기의 마사토를 깔고 부엽토나 혼합토에 마사토를 넉넉히 섞어 심는다.

햇빛
여름에는 아침 햇빛이 잘 드는 밝은 그늘에 두고 봄, 가을, 겨울에는 햇빛이 잘 드는 자리로 옮겨 준다.

물주기
겉흙이 마르기 시작하면 흠뻑 준다.

거름주기
봄, 가을에 덩이거름이나 고형비료를 얹어 주고 물거름을 묽게 희석하여 매주 한 번씩 준다.

씨를 받기 가장 좋은 상태

 꽃밭

심기
햇빛이 잘 들고 유기물이 풍부하며 물이 잘 빠지는 자리에 심는다. 가을이나 봄에 흙에 소석회를 섞어 두었다가 2주 정도 지난 다음에 심는다. 꽃밭에 심으면 놀라우리만큼 포기가 커지고 꽃달림이 좋으므로 봄 정원에 썩 잘 어울린다.

거름주기
풍성하게 기르려면 봄, 가을에 덧거름으로 완숙퇴비를 한 번씩 준다.

늘리기
씨뿌리기

① 꽃이 지면 암술대가 4cm 안팎으로 길게 자라난다. 암술대가 반짝이는 은빛에서 흰빛으로 변해갈 무렵 암술대 끝을 한두 가닥 슬쩍 잡아당기면 씨가 빠져 나온다.
② 암술대를 가위로 자르거나 자르지 않은 채 씨를 털어 씨뿌림상자에 뿌리고 씨가 보이지 않게 고운 마사토로 덮어 준다.
③ 싹이 트기 전까지 흙이 마르지 않도록 물을 준다. 2주 전후로 싹이 튼다.
④ 본잎이 2~3장 나오면 마사토를 섞은 흙에 잠깐심기하거나 원하는 자리에 아주심기한다. _그림 ①_
⑤ 잘 자란 포기는 2년차에 꽃이 핀다.

① 씨에서 싹이 튼 모습

포기나누기

봄, 가을에 묵은 포기를 나누어 심는다. 3~4년 기르면 포기가 풍성해지고 꽃이 화려하게 핀다. 이 무렵 뿌리 속에 빈 공간이 생기면서 포기가 저절로 나누어지거나 수명이 다해 죽는다. 긴 뿌리를 자르고 눈을 나누어 심기도 하지만 할미꽃은 굵은 뿌리가 땅속으로 곧게 들어가고 잔뿌리가 적어서 밑동(뿌리목)에 생겨난 눈의 숫자에 비해 나누어 줄 뿌리가 많지 않으므로 포기를 나누지 않고 그대로 편안히 스러지게 만드는 것도 좋다. ㅡ그림②

② 3~4년 기르면 뿌리 가운데 부분이 텅 빈다. 크게 자란 할미꽃은 뿌리목에 눈은 많지만 붙여 나누어 줄 잔뿌리는 거의 없다.

	1월	2월	3월	4월	5월	6월	7월	8월	9월	10월	11월	12월
어미포기	▣	▣		✿	✿						🍃	▣
씨					•••	🌱					🍃	▣
거름			●	●	●				●			
늘리기					⌴			⌴	⌴			
두는 곳					◥	◥	◥					

새우난초

Calanthe discolor Lindl.

과명 난초과 | **약이름, 다른 이름** 하척란(蝦脊蘭) | **생육상** 여러해살이풀 | **사는 곳** 제주도와 남부 지방의 숲 속 그늘에서 자란다. | **높이** 30~50cm | **꽃 피는 시기** 4~5월

심기
분 바닥에 콩알 크기의 마사토나 굵은 난 전용토를 깔고 마사토와 혼합토를 섞은 흙에 심거나 난 전용토에 난을 심듯 심는다. 바람이 잘 통하지 않거나 습기가 많은 곳에서는 거짓알줄기(벌브(bulb), 위구경)가 흙 위로 1/3쯤 나오게 심는다. 건조한 곳에서는 거짓알줄기가 흙 속에 완전히 묻혀도 상관없다.

살피기
① 꽃을 보고 난 다음에는 꽃줄기를 뽑아 준다. 잎줄기 아래쪽을 엄지와 검지로 가볍게 잡고 다른 손으로 꽃줄기를 잡아당기면 쉽게 뽑힌다.
② 고온다습한 곳에서는 잎자루를 감싸고 있는 비늘잎(포엽) 끝부분을 장마철이 되기 전에 반쪽으로 찢어 주면 비늘잎이 마르면서 잎자루를 조이지 않게 된다.
③ 바람이 잘 통하는 곳에 둔다. 바람이 통하지 않으면 깍지벌레(개가충)의 피해를 입을 수 있으므로 사시사철 환기를 시켜 준다. 겨울에는 오전 10시부터 오후 3시까지 창문을 열어 놓는다.

햇빛
아침 햇빛이 1~2시간 드는 밝은 그늘 아래서 여름을 나고, 가을부터 이듬해 봄(5월)까지는 햇빛이 많이 드는 곳으로 옮겨 준다.

물주기
겉흙이 희게 말랐을 때 흠뻑 준다.

거름주기
봄, 가을에 덩이거름을 덧거름으로 얹어 주고 물거름을 묽게 희석하여 매주 한 번 뿌려 준다.

① 거짓알줄기를 2~3개씩 붙여 나눈다.

늘리기
포기나누기

① 봄에 거짓알줄기를 2~3개씩 붙여 나누어 한 포기를 만들어 심는다. _그림 ①

② 잎이 없는 묵은 거짓알줄기도 짧게 자른 묵은 뿌리만 3~4개 정도 남기고 깨끗이 손질한다. _그림 ②

③ 묵은 거짓알줄기는 1/3 정도가 밖으로 나오게 심고 물을 주면 싹이 튼다. 물을 지나치게 많이 주면 거짓알줄기가 썩는다. _그림 ③

② 묵은 거짓알줄기는 깨끗이 손질하고 짧게 자른 뿌리 3~4개만 남긴다.

③ 거짓알줄기가 2/3 정도 묻히도록 심는다.

	1월	2월	3월	4월	5월	6월	7월	8월	9월	10월	11월	12월
어미포기	◠	◠	⚘	✿	✿					∴	◠	◠
거름			●	●	●				●			
늘리기			⚱	⚱					⚱			
두는 곳						◣	◣	◣	◣			

쥐오줌풀

Valeriana fauriei Briq.

| **과명** 마타리과 | **약이름, 다른 이름** 길초(吉草), 법씨힐초(法氏纈草), 바구니나물 | **생육상** 여러해살이풀 | **사는 곳** 햇빛이 잘 들고 습기가 적당한 풀밭에서 자란다. | **높이** 40~80cm | **꽃 피는 시기** 4~5월

꽃밭

심기
햇빛이 잘 들고 흙이 부드러우며 유기물이 많은 자리에 심는다. 자생지에서는 풍성하게 자란 포기를 보기 어렵지만 꽃밭에 심어 2~3년 기르면 풍성하게 자란다. 무리지어 핀 꽃이 꽃밭에 화사한 분위기를 연출해 준다.

거름주기
풍성하게 기르려면 봄, 가을에 덧거름으로 완숙퇴비를 한 차례 준다.

늘리기
씨뿌리기
① 6월 중순~하순에 씨를 받는다. 씨는 아침 10시쯤이면 깃꼴로 된 갓털이 활짝 펼쳐지므로 날아가기 전에 받는다. 갓털이 햇빛에 반짝이듯 빛나는 모습이 사랑스러우므로, 씨가 필요하지 않아도 꽃이 진 다음 줄기를 자르지 말고 그냥 둔다. _그림 ①

① 갓털이 활짝 펼쳐져 날아가기 전에 씨를 받는다.

② 씨는 받자마자 바로 뿌려 준다. 60일 전후로 싹이 튼다. 막 돋아나 자라는 새싹의 모습은 제비꽃류의 새싹이 좀 크게 자라는 것처럼 보이지만 본잎이 2장째 나올 무렵부터는 쑥쑥 자라기 시작한다. 그림 ②

③ 9월 중순이면 본잎이 여러 조각으로 갈라지는 잎이 나오기 시작하며, 이 무렵부터 뿌리목에서 곁눈이 생겨나 더부룩하게 자라기 시작한다. 이때 꽃밭에 아주 심기해 준다.

④ 잘 자란 것은 이듬해에 꽃이 핀다.

포기나누기

이른 봄 눈이 움직일 무렵이나 가을에 포기를 나누어 준다. 이른 봄에 큰 포기를 옮길 때는 삽으로 포기를 들어낸 다음 뿌리의 흙을 털어 내고 가위로 눈을 갈라 준다. 작은 포기의 뿌리에서 나는 냄새는 향긋하지만 삽으로 떠낼 정도로 큰 포기의 뿌리에서 나는 냄새는 잠깐 동안 정신을 차릴 수 없을 만큼 고약하다. 미리 마스크를 쓰고 작업한다.

② 씨에서 싹이 튼 모습. 제비꽃류의 새싹이 조금 크게 자라는 것처럼 보인다.

	1월	2월	3월	4월	5월	6월	7월	8월	9월	10월	11월	12월
어미포기	●	●	⋀	✿	✿	∴					🌿	●
씨						∴		🌱			🌿	●
거름			●	●	●				●			
늘리기			🪴						🪴	🪴		
두는 곳						▼	▼					

매발톱꽃

Aquilegia buergeriana var. *oxysepala* (Trautv. & Meyer) Kitam.

과명 미나리아재비과 | **약이름, 다른 이름** 첨악루두채(尖萼耬斗菜), 매발톱 | **생육상** 여러해살이풀 | **사는 곳** 높은 산의 햇빛이 잘 들고 습도가 높은 계곡에서 자란다. | **높이** 50~100cm | **꽃 피는 시기** 4~5월

 베란다

심기
굵은 뿌리와 잔뿌리 둘 다 잘 발달하므로 입지름과 깊이가 모두 10cm 이상인 분에 심는다. 분 바닥에 콩알 크기의 마사토를 깔고 부엽토나 혼합토에 마사토를 섞어 심는다. 씨를 뿌릴 때도 심을 때와 같은 흙을 분에 담고 뿌린다. 원예종 매발톱류처럼 화려하지는 않지만 꽃색이 고급스럽고 생김새가 고전적인 멋을 내므로 화려한 유약을 입힌 분은 피하고 담백한 색의 분을 고른다.

햇빛
아침 햇빛 또는 하루 종일 해가 드는 자리에 둔다.

물주기
겉흙이 하얗게 마르면 바로 물을 준다.

거름주기
흙 위에 덩이거름이나 고형비료를 얹어 주고 물거름을 묽게 희석하여 봄, 가을에 매주 한 번씩 준다.

 꽃 밭

심기
아침 햇빛이 잘 드는 밝은 그늘이 가장 좋으나 종일 햇빛이 드는 자리에서도 잘 자란다. 물빠짐이 좋은 자리면 흙을 가리지 않고 자라지만 유기물이 많은 흙에 심으면 더 좋다.

거름주기
풍성하게 기르려면 봄, 가을에 덧거름으로 완숙퇴비를 가볍게 흩뿌려 준다.

늘리기
씨뿌리기
① 열매 끝부분이 밝은 갈색으로 물들어 가면서 열매가 벌어진다. 벌어진 틈새로 검게 익은 씨가 보이기 시작하면 줄기째 잘라 그늘에서 말린다. _그림 ①
② 씨를 뿌리면 2주 전후로 싹이 튼다. 새싹이 아주 많이 돋아나므로 떡잎만 두 장 돋았을 때 밴 곳을 솎아 준다.
③ 1주 전후로 본잎이 한 장 나오고 2주 전후로 두 번째 본잎이 나와 자라는데, 더위가 심한 7월이므로 그대로 두었다가 본잎이 3~4장 나와 자라는 처서가 지난 뒤에 옮겨 심는 것이 안전하다. _그림 ②

① 열매의 이음선이 벌어지면서 씨가 보이기 시작하면 줄기째 자른다.

④ 이듬해에 꽃이 핀다.

포기나누기
묵은 포기를 나누어 심는다.

② 씨에서 싹이 튼 모습. 본잎이 3~4장 나와 자라면 옮겨 심는다.

	1월	2월	3월	4월	5월	6월	7월	8월	9월	10월	11월	12월
어미포기												
씨												
거름												
늘리기												
두는 곳												

족도리풀

Asarum sieboldii var. *cornutum* Y. N. Lee

과명 쥐방울덩굴과 | **약이름, 다른 이름** 세신(細辛), 대약(大藥), 조리풀, 만병초 | **생육상** 여러해살이풀 | **사는 곳** 산속의 나무 그늘 아래서 자란다. | **높이** 10~30cm | **꽃 피는 시기** 4~5월

심기
분 바닥에 콩알 크기의 마사토를 깔고 부엽토 또는 혼합토에 마사토를 넉넉히 섞어 심는다. 베란다에서 기르기 쉽고 베란다와 무척 잘 어울리는 식물이다.

햇빛
밝은 그늘 아래서 잘 자라므로 아침 햇빛이 1~2시간 들어오는 그늘에 둔다.

물주기
겉흙이 마르기 시작하면 준다.

거름주기
봄, 가을에 덩이거름이나 고형비료를 얹어 주고 물거름을 묽게 희석하여 매주 한 번 정도 준다.

① 애호랑나비의 애벌레가 잎을 갉아먹기도 한다.

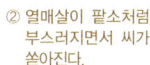

② 열매살이 팥소처럼 부스러지면서 씨가 쏟아진다.

 꽃밭

심기
나무 그늘 아래 심는다. 잎이 가지런하고 단정하게 자라므로 심을 때 줄기높이가 비슷한 식물을 곁들여 땅을 덮는 식물(지피식물)로 써도 좋다. 정원에 심으면 애호랑나비가 알을 낳아 애벌레가 자라면서 잎을 갉아먹기도 한다. 많이 먹지 않으므로 그냥 둔다._그림 ①

늘리기
씨뿌리기
① 꽃가루받이가 된 꽃은 피었을 때의 모양을 그대로 유지한 채 씨방만 둥글게 커지면서 땅바닥으로 고개를 숙인다. 5월 중순~6월 초순에 열매살이 팥소처럼 부스러지면서 씨가 쏟아져 나온다. 씨가 나오기 전에 개미들이 먼저 열매 밑을 분주히 돌아 다니므로 참고한다._그림 ②
② 씨는 즉시 씨뿌림상자나 어미포기가 심긴 화분에 뿌려 준다. 이듬해 봄에 싹이 튼다. 잎은 한 장이다._그림 ③
③ 2년차에 족도리풀 모양을 갖추며 잘 자란 포기에서는 꽃이 핀다._그림 ④

포기나누기
봄, 가을에 묵은 포기를 나누어 준다. 가을에는 이미 새싹 모양을 갖춘 겨울눈이 생겨나 있으므로 포기를 나눌 때 주의한다.

③ 씨에서 싹이 튼 모습

④ 2년차에 어미포기 모양을 갖춘다.

	1월	2월	3월	4월	5월	6월	7월	8월	9월	10월	11월	12월
어미포기	◻	◻	✿	✿	✿					◡	◻	◻
씨	•••	•••	🌱	🌱								
거름			●	●					●			
늘리기			▭	▭					▭			
두는 곳				▰	▰	▰	▰	▰				

연잎꿩의다리

Thalictrum coreanum H. Lev.

과명 미나리아재비과 | **약이름, 다른 이름** 조선당송초(朝鮮唐松草), 련잎꿩의다리 | **생육상** 여러해살이풀 | **사는 곳** 중부 지방과 설악산 이북의 숲 속에서 자란다. | **높이** 10~60cm | **꽃 피는 시기** 5~6월

베란다·꽃밭

심기
분에 심어야 잘 자라고, 귀엽고 사랑스러운 모습을 감상할 수 있다. 기는줄기가 이리저리 벋어 나가므로 입지름이 넓은 분을 준비한다. 분 바닥에 콩알 크기의 마사토를 넉넉히 깔고 혼합토나 부엽토에 마사토를 섞어 심는다. 묵은 뿌리와 썩은 뿌리를 정리할 때 뿌리에 달린 둥근 알뿌리들이 떨어지지 않도록 조심한다.

① 씨

햇빛
봄과 가을, 겨울에는 햇빛이 잘 드는 곳에 두고 여름에는 시원하고 밝은 그늘에 둔다.

물주기
겉흙이 마르기 시작하면 준다.

거름주기
뜰에 내놓은 것은 매년 분갈이해 주고 내리는 비만 맞혀도 된다. 베란다에 있는 분에는 물거름을 묽게 희석하여 매주 한 번씩 뿌려 준다.

② 씨에서 싹이 튼 모습

늘리기
씨뿌리기
① 5월 초순에 꽃이 피기 시작한다. 꽃이 피는 동안 열매가 익어 떨어지고 또 다른 열매가 익는 동안 화분의 흙에서 싹이 틀 정도이다. 그림 ①
② 씨는 익으면 저절로 떨어져 2주 전후로 싹이 튼다. 어린 새싹은 그대로 겨울을 나게 한 다음 봄에 옮겨 심는다. 그림 ②
③ 2년차에 꽃이 피고 뿌리에 둥근 모양의 알뿌리가 생겨난다. 그림 ③

포기나누기
어미포기는 5월 중순~장마철에 기는줄기를 만들어 낸다. 이것을 이듬해 봄에 옮겨 심거나 묵은 포기를 나누어 심는다. 그림 ④

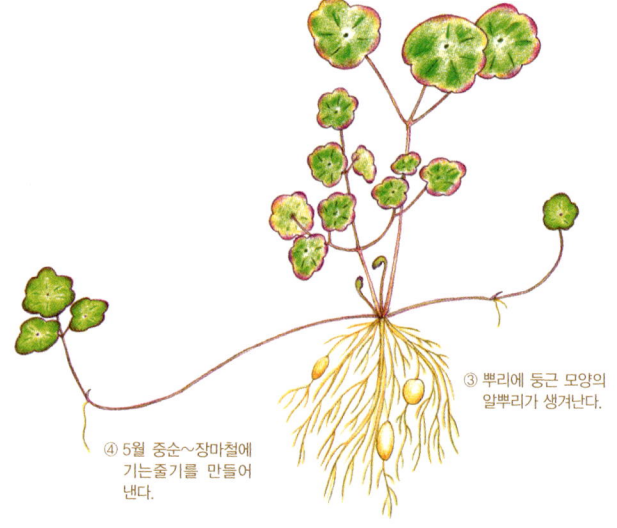

③ 뿌리에 둥근 모양의 알뿌리가 생겨난다.

④ 5월 중순~장마철에 기는줄기를 만들어 낸다.

	1월	2월	3월	4월	5월	6월	7월	8월	9월	10월	11월	12월
어미포기	▢	▢	🌱	🌱	✿	✿		∴	∴		🍃	▢
씨							▬	🌱				
거름			●	●	●				●			
늘리기				🪴	🪴				🪴	🪴		
두는 곳					▨	▨	▨	▨	▨			

뻐꾹채

Rhaponticum uniflorum (L.) DC.

과명 국화과 | **약이름, 다른 이름** 누로(漏蘆), 대화계(大花薊), 뻑꾹채 | **생육상** 여러해살이풀 | **사는 곳** 햇빛이 잘 드는 산기슭 등 메마른 곳에서 자란다. | **높이** 30~70cm | **꽃 피는 시기** 5~6월

심기
햇빛이 잘 들고 물빠짐이 좋은 곳에 심는다. 흙이 메마르고 딱딱해도 물빠짐만 좋으면 기르기에 별 어려움은 없다. 여러 포기를 모아 심으면 꽃이 피었을 때 화려함이 훨씬 더 돋보인다.

거름주기
봄, 가을에 덧거름으로 완숙퇴비를 한 번 준다.

늘리기
씨뿌리기
① 6월 중순에 열매가 익는다. 씨는 갓털을 달고 있지만 재빨리 날아가지 않으므로 줄기째 잘라 온다. _그림 ①
② 씨를 물에 넣고 불린다. 통통하고 둥글납작하면 여문 것이고 야윈 것은 쭉정이이다. _그림 ② 씨가 크고 새싹도 크게 자라므로 약 5cm 간격으로 뿌린다.
③ 10일 전후로 싹이 트고 처서 무렵이면 그림과 같은 모양으로

① 익은 열매의 모습

자란다. 그림처럼 생긴 본잎이 3장 정도 나온 다음 뻐꾹채 특유의 가장자리가 갈라진 잎이 나오는데 이때 옮겨 심으면 좋다. _그림 ③

④ 꽃밭에 햇빛만 잘 들면 그냥 두어도 여기저기에서 뻐꾹채 새싹이 자라나는 것을 볼 수 있다. 봄에 원하는 자리로 옮겨 심는다.

② 쭉정이와 잘 여문 열매

포기나누기

꽃이 피기 시작한 포기는 3년 정도 지나면 뿌리 가운데에 빈 공간이 생기면서 포기가 저절로 나누어지거나 죽어 버리므로, 포기가 커지면 포기를 나누어 주거나 편안하게 죽어가도록 그대로 둔다. 포기나누기는 봄, 가을에 하는데 꽃봉오리가 없는 가을에 하는 것이 더 좋다.

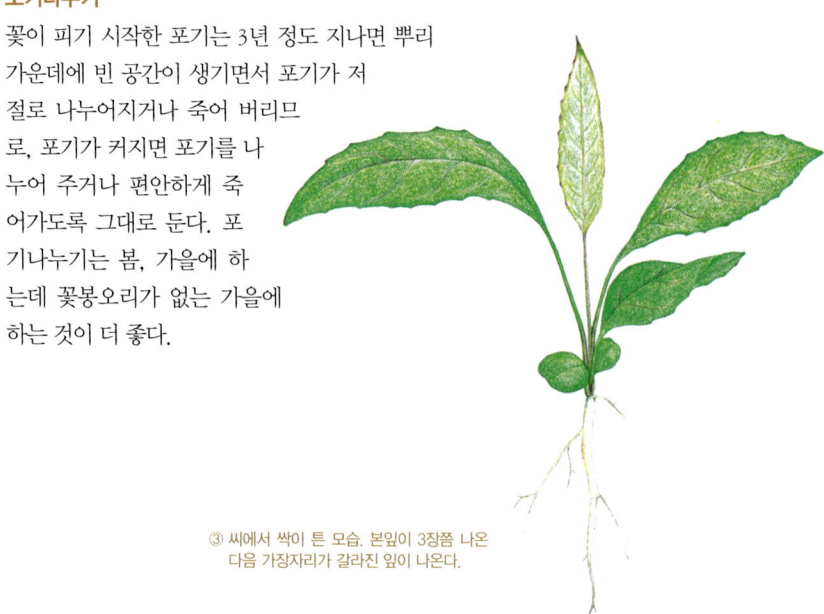

③ 씨에서 싹이 튼 모습. 본잎이 3장쯤 나온 다음 가장자리가 갈라진 잎이 나온다.

엉겅퀴

Cirsium japonicum var. *maackii* (Maxim.) Matsum.

| **과명** 국화과 | **약이름, 다른 이름** 대계(大薊), 장군초(將軍草), 가시나물, 항가새, 항가쿠 | **생육상** 여러해살이풀 | **사는 곳** 산이나 들의 양지바른 곳에서 자란다. | **높이** 50~100cm | **꽃 피는 시기** 5~6월

심기
햇빛이 잘 들고 물빠짐이 좋은 자리에 심는다. 풍성하게 길러 많은 꽃을 보고 싶을 때는 봄에 미리 퇴비를 흙에 잘 섞어 두었다가 여름에 씨를 받아 뿌린다. 장식용으로 기를 때는 큰 떡시루나 떡시루 정도 크기의 분(유약을 발라 반짝이는 화장분보다는 소박한 토분이 엉겅퀴를 더 돋보이게 한다)을 구하여, 분 바닥에 콩알 크기의 마사토를 충분히 깔고 부엽토에 혼합토에 마사토와 완숙퇴비를 섞어 만든 흙을 넣고 씨를 뿌리거나 가을에 모종을 옮겨 심는다. 모종을 옮겨 심을 때는 완숙퇴비를 분 바닥에 넣어 뿌리가 퇴비에 직접 닿지 않게 한다. 꽃밭에서 잘 길러 꽃꽂이용으로 써도 좋다.

햇빛
햇빛이 잘 드는 곳에 두었다가 꽃이 피면 시선을 끄는 장소로 옮기고, 꽃이 지면 다시 햇빛이 잘 드는 곳으로 옮겨 준다.

물주기
겉흙이 마르기 시작하면 흠뻑 준다.

① 씨

거름주기
겉흙 위에 덩이거름을 얹어 준다.

늘리기
씨뿌리기
① 여름에 씨를 받는다. 열매가 달린 줄기를 잘라 손이나 핀셋으로 씨를 발라낸다. 열매 속에는 나방이 낳아 놓은 알이 부화하여 자란 애벌레가 많이 들어 있으므로 줄기를 넉넉히 잘라 온다. _그림 ①
② 씨뿌림상자에 뿌려도 되고 꽃밭에 직접 뿌려도 된다. 2~3주 전후로 싹이 튼다. _그림 ②
③ 본잎이 2~3장 나와 자라기 시작하면 아주심기한다.
④ 잎은 낙엽이 지지 않으며 로제트 모양으로 겨울을 난다. _그림 ③

② 씨에서 싹이 튼 모습

③ 로제트 모양으로 겨울을 난다.

	1월	2월	3월	4월	5월	6월	7월	8월	9월	10월	11월	12월
어미포기												
씨												
거름			●	●					●			
늘리기												
두는 곳												

160

각시붓꽃

Iris rossii Baker var. *rossii*

과명 붓꽃과 | **약이름, 다른 이름** 장미연미(長尾鳶尾), 애기붓꽃, 애기창포, 장포꽃, 창포꽃 | **생육상** 여러해살이풀 | **사는 곳** 이른 봄에 햇빛이 잘 드는 숲 속 나무 아래와 무덤가 잔디밭에서 자란다. | **높이** 5~15cm | **꽃 피는 시기** 3~4월

심기
봄, 가을에 햇빛이 잘 들고 물빠짐이 좋은 메마른 자리에 심는다. 꽃은 하루만 피고 지므로 큰 포기를 만들어 준다. 한번 심으면 여러 해 동안 옮겨 심지 않는 것이 좋으므로 처음에 좋은 자리에 심는다.

거름주기
아직 크게 자라지 않은 어린포기는 봄, 가을에 덧거름으로 완숙퇴비를 조금 흩뿌려 준다.

늘리기
씨뿌리기
① 꿀풀꽃이 한창 필 무렵 각시붓꽃의 열매가 크게 자란다. 열매는 뿌리목에 붙어 있는 것처럼 낮게 달려 있어 눈에

① 열매는 뿌리목에 붙어 있는 것처럼 낮게 열린다.

잘 띄지 않는다. 씨를 받아야 할 열매를 눈여겨 두었다가 열매껍질이 밝은 갈색으로 물들면 열매째 따서 그늘에 둔다. _그림 ①
② 열매껍질이 벌어지거나 갈색으로 변하면 씨를 골라 씨뿌림상자에 듬성듬성 뿌린다.
③ 봄에 싹이 튼다. 듬성듬성 뿌렸으므로 솎을 필요는 없고 그대로 가을까지 기르다가 가을에 잎이 누렇게 물들어 가면 옮겨 심는다. 각시붓꽃은 뿌리가 물을 빨리 흡수하지 못하므로 옮겨 심기 전에 물을 흠뻑 준 다음 뿌리에 젖은 흙덩이를 붙여 옮겨 심는다. 심자마자 물을 흠뻑 준다. _그림 ②

포기나누기
여러 갈래로 나누어진 뿌리줄기를 봄, 가을에 나누어 심는데, 가을에 나누어 심는 것이 더 좋다. 뿌리와 뿌리줄기가 말라 버리면 다시 살아나기 어려우므로 포기를 캐내기 전에 물을 흠뻑 주고, 포기를 나누자마자 옮겨 심은 다음 물을 흠뻑 준다.

② 뿌리에 젖은 흙을 붙여 옮겨 심는다.

깽깽이풀

Jeffersonia dubia (Maxim.) Benth. & Hook. f. ex Baker & S. Moore

| **과명** 매자나무과 | **약이름, 다른 이름** 선황련(鮮黃蓮), 모황련(毛黃蓮) | **생육상** 여러해살이풀 | **사는 곳** 물빠짐이 좋은 산골짜기 숲 속 나무 그늘 아래서 무리 지어 자란다. | **높이** 20cm 안팎 | **꽃 피는 시기** 3~4월

심기
자생지에서는 뿌리가 잘 발달하지 않으나 분에 심으면 뿌리가 아주 잘 내려 1년이면 분을 가득 채울 정도이다. 포기에 비해 조금 크고 깊은 분을 고르는 것이 좋다. 뿌리가 옆으로 넓게 퍼져 나갈 수 있는 넓은 분이면 깊이에는 그다지 큰 영향을 받지 않는다. 분 바닥에 콩알 크기의 마사토를 깔고 부엽토와 혼합토에 마사토를 섞어 심는다.

① 잘 여문 열매를 잘라 그늘에 두면 열매껍질이 저절로 벗겨지고 씨가 덩어리째 떨어져 나온다.

햇빛
꽃이 피어 있는 동안에는 아침 햇빛이 드는 밝은 그늘에 두고, 꽃이 진 다음에는 밝은 그늘로 옮겨 준다.

물주기
겉흙이 마르면 준다.

거름주기
잎이 자라고 있는 봄에 겉흙 위에 덩이거름이나 고형비료를 얹어 주고 물거름을 묽게 희석하여 매주 한 번씩 준다.

 꽃밭

심기
아침 햇빛이 잘 들고 물이 잘 빠지는 자리에 심는다. 뿌리를 내리면 별다른 어려움 없이 잘 자란다. 자생지에서처럼 노루귀와 함께 심어도 어울린다.

늘리기
씨뿌리기

① 5월 초순~중순에 열매가 익어 껍질이 벌어지고 씨가 덩어리째 바닥으로 떨어진다. 씨는 개미가 잘 물고 간다. 개미가 물고 가기 전에 받으려면 열매 아랫부분에 씨의 모양이 약간 올록볼록하게 드러나기 시작하거나 열매가 통통해지고 엷은 노랑, 연한 빨강이 섞인 연두색으로 변했을 때 줄기째 길게 잘라 접시에 올려놓고 그늘에 두면 곧 열매껍질이 저절로 벌어지며 씨가 쏟아진다. _그림 ①
② 받자마자 씨뿌림상자에 흩어 뿌린다.
③ 이듬해 3월 초순(베란다)~4월 초순(꽃밭)에 새싹이 한꺼번에 올라온다. _그림 ②
④ 밴 곳을 솎아 준다. 본잎이 펼쳐지고 줄기가 딱딱하게 굳어진 5월 중순~하순

② 씨에서 싹이 튼 모습 – 봄

에 잠깐심기를 하거나 아주심기한다. 그림 ③

⑤ 꽃밭에 심은 것은 어미포기 근처에서 씨가 싹이 터 자란다. 그대로 두었다가 이듬해 봄에 옮겨 심는다.

포기나누기
묵은 포기를 나누어 심는다.

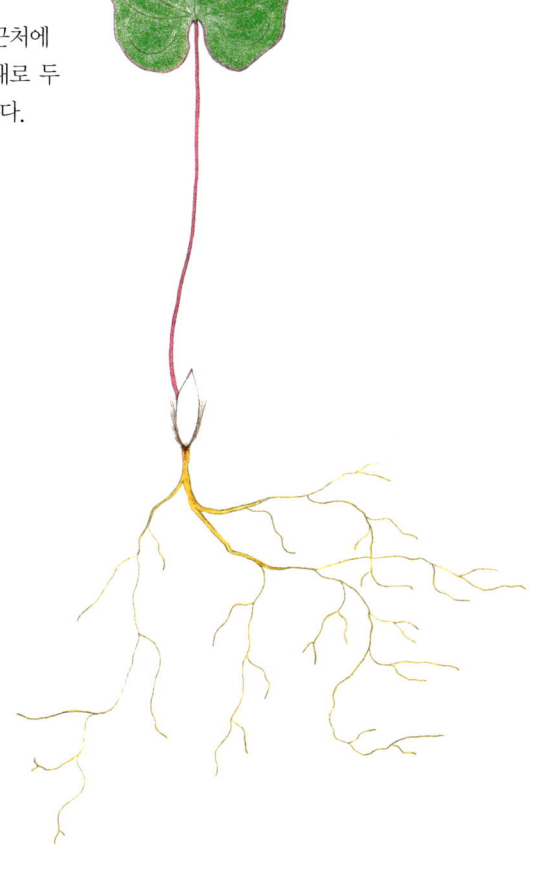

③ 씨에서 싹이 튼 모습 - 여름. 본잎이 완전히 자란 5월 중순~하순에 옮겨 심는다.

	1월	2월	3월	4월	5월	6월	7월	8월	9월	10월	11월	12월
어미포기	▢	▢	✿	✿∴	∴		🍃	▢	▢	▢	▢	▢
씨	▢	▢	🌱	🌱			🍃	▢	▢	▢	▢	▢
거름			•		•							
늘리기						🪴				🪴	🪴	
두는 곳					▨	▨	▨	▨	▨	▨		

조개나물

Ajuga multiflora Bunge

| **과명** 꿀풀과 | **약이름, 다른 이름** 다화근골초(多花筋骨草) | **생육상** 여러해살이풀
| **사는 곳** 햇빛이 잘 드는 풀밭과 무덤가 잔디밭에서 자란다. | **높이** 30cm 안팎
| **꽃 피는 시기** 3~4월

꽃밭

심기

햇빛이 잘 들고 물이 잘 빠지는 자리에 심는다. 조개나물은 그늘진 곳에 심으면 볼품이 없으므로 반드시 햇빛이 잘 드는 자리를 골라 주는데, 장마철이 지나면 이리저리 벋어 나간 뿌리줄기에서 새싹들이 돋아나 사방으로 퍼져 나가므로 돌 틈이나 척박한 흙에 심는 것이 좋다. 다음해에 꽃이 필 조개나물은 꽃이 핀 조개나물(야생화 사진에서 볼 수 있는)과 생김새가 많이 다른데, 구별해 내지 못하고 꽃 핀 포기를 옮겨 심어 낭패를 보는 경우가 많다. 꽃 핀 포기는 절대 채집해 오지 않는다.

① 경쟁할 식물이 없는 곳에서는 번식력(무성번식)이 뛰어나다.

거름주기
풍성하게 핀 꽃을 보고 싶다면 봄, 가을에 덧거름으로 완숙퇴비를 한 번씩 가볍게 뿌려 준다.

늘리기
씨뿌리기
꽃이 핀 포기는 열매가 익어갈 무렵부터 마르기 시작한다. 포기가 스러지기 전에 줄기째 잘라 그늘에서 말리면 씨가 쏟아진다. 조개나물은 번식력이 뛰어나므로 대량생산할 것이 아니라면 씨를 뿌리기보다는 포기를 나누는 것이 더 편리하고 효과적이다.

② 뿌리나 잎을 잘라 꽂아 주면 곧 눈과 뿌리가 생겨난다.

포기나누기
묵은 포기를 나누어 심으면 나누어 심은 포기 곁에 곧 어린포기가 생겨난다. 포기는 장마 전에 주변의 땅거죽을 모두 덮을 정도로 늘어난다. 자생지에서는 이렇게 왕성하게 번식하지 않지만 경쟁할 식물이 없는 곳에서는 번식력이 아주 뛰어나다. _그림 ①

잎꽂이, 뿌리꽂이
5월에 뿌리나 잎을 잘라 꽂아 주면 곧 새 눈과 새 뿌리가 생겨난다. 뿌리나 잎을 꽂은 꽂이상자는 햇빛이 잘 드는 자리에 두고 흙이 마르지 않도록 한다. _그림 ②

	1월	2월	3월	4월	5월	6월	7월	8월	9월	10월	11월	12월
어미포기	●	●	✿	✿		··					◊	●
씨	··	··	♣	♣							◊	●
거름				●	●				●			
늘리기				⌣	⌣				⌣	⌣		
두는 곳					◣	◣	◣					

큰개불알풀

Veronica persica Poir.

과명 현삼과 | **약이름, 다른 이름** 지금(地錦), 봄까치꽃, 개불꽃 | **생육상** 두해살이풀(귀화식물) | **사는 곳** 남부 지방의 햇빛이 잘 드는 밭, 길가, 빈터, 아파트의 화단 등에서 흔히 자란다. | **높이** 5~10cm | **꽃 피는 시기** 3~4월

꽃 밭

심기
햇빛이 잘 드는 자리에 심는다. 메마른 곳에서 자라는 것을 흔히 볼 수 있지만 습기가 많은 곳이라도 햇빛이 잘 들기만 하면 크고 풍성하게 자란다. 여러 포기를 모아 심어 파랗게 반짝반짝 빛나는 듯한 꽃을 즐기는 것이 좋으나 다른 식물 사이에 섞어 심어도 좋다. 그러나 고산식물과는 분위기가 너무 다르고 살아가는 습성도 다르므로 두 식물을 섞어 심지 않는다.
남부 지방의 농가에서는 밭에 너무 많이 돋아나 성가신 잡초로 취급하지만 식물사진을 찍는 사진가들과 중부 지방에 사는 사람들로부터는 사랑을 듬뿍 받는다.

거름주기
풍성하게 기르고 싶을 때만 봄, 가을에 덧거름을 조금 준다.

늘리기
씨뿌리기
① 꽃이 지고 약 20일이 지나면 열매가 익는다. 열매는 마지막 4~6일 사이에 빠르게 갈색으로 익어 씨를 퍼뜨린다. 열매 속

에는 10~12개의 씨가 들어 있다. 그림
② 따로 관리하지 않아도 저절로 싹이 터서 잘 자란다. 겨울에는 비닐을 한 겹 씌워 준다.(중부 지방 기준)
③ 뿌리가 방석처럼 넓게 퍼지고 잔뿌리들이 항상 흙을 꼭 붙들고 있어 큰 포기를 솎아 낼 때는 토양이 유실될 위험이 있다. 어린포기일 때 솎아 주고, 줄기가 땅바닥으로 넓게 퍼져 나가므로 옮겨 심는 자리를 조금 넓게 잡아 준다.

씨는 갈색으로 익는다.

	1월	2월	3월	4월	5월	6월	7월	8월	9월	10월	11월	12월
어미포기	◡	◡	✿	∴	·						◊	◡
씨				∴	∴	⚘					◊	◡
거름			●	●	●				●			
늘리기			⛾	⛾					⛾			
두는 곳						◣	◣					

참꽃마리

Trigonotis radicans var. *sericea* (Maxim.) H. Hara

과명 지치과 | **약이름, 다른 이름** 북부지채(北附地菜), 털개지치, 참꽃말이 | **생육상** 여러해살이풀 | **사는 곳** 깊은 산속 습기 많은 밝은 그늘 아래서 자란다. | **높이** 10~15cm | **꽃 피는 시기** 4~5월

심기

아침 햇빛이 잘 들고 습기가 많은 자리에 심는다. 굵은 돌멩이가 섞인 부드럽고 비옥한 흙을 좋아하므로 심기 전에 미리 완숙퇴비, 부엽토 등을 섞어 놓는다. 아주 작은 포기도 이듬해에는 큰 포기로 자라나 주변에 있는 다른 식물들 사이의 빈 공간을 모두 차지해 버리므로 참꽃마리만 따로 심거나 자라는 힘이 좋은 꽃창포나 부채붓꽃 등과 함께 심는다. 자생지에서도 꽃이 핀 참꽃마리는 독특한 아름다움으로 사람의 마음을 사로잡지만 뜰에서도 멋스럽게 자라므로 가꾸는 즐거움이 있다.

거름주기

특별히 잘 자라지 않는 포기 외에는 거름을 주지 않는다. 거름을 주지 않아도 기는줄기가 사방으로 퍼져 나갈 만큼 힘이 좋다.

늘리기

씨뿌리기

꽃이 진 다음 4개의 씨가 생겨나고 여름부터 가을에 걸쳐 갈색으로 익는다. 씨뿌림상자에 씨를 뿌리고 흙이 지나치게 마르지 않도록 물을 준다.

포기나누기

어미포기를 나누기도 하지만 기는줄기에서 생겨난 어린포기를 옮겨 심는 것이 편리하다. 참꽃마리는 이리저리 옮겨 심으면 잎과 줄기가 까맣게 변하여 볼품이 없어지는 등 스트레스에 민감하고 긴 줄기 때문에 옮겨 심기 불편하므로 그림처럼 이른 봄 잎이 나오기 시작할 무렵이나 가을에 옮겨 심는다. 성질이 강인하여 잘 죽지는 않는다. 어린포기를 작은 분에 잠깐 옮겨 심었다가 뿌리가 완전히 내리면 꽃밭에 아주심고 물을 흠뻑 준다.

기는줄기가 아직 나오지 않은 이른 봄이나 가을에 옮겨 심는다.

제비꽃

Viola mandshurica W. Becker

과명 제비꽃과 | **약이름, 다른 이름** 동북근채(東北菫菜), 근근채(菫菜), 오랑캐꽃, 병아리꽃, 씨름꽃, 첩꽃 | **생육상** 여러해살이풀 | **사는 곳** 햇빛이 잘 드는 산과 들의 풀밭에서 자란다. | **높이** 10cm 안팎 | **꽃 피는 시기** 4~5월

심기
분 바닥에 콩알 크기의 마사토를 깔고 부엽토나 혼합토에 마사토를 섞어 심는다. 제비꽃 특유의 가녀린 모습이 묻히지 않도록 너무 두껍거나 지나치게 화려한 분, 좀 우악스러운 느낌이 드는 분은 피한다.

햇빛
가을, 겨울에는 햇빛이 잘 드는 곳에 둔다. 이른 봄부터 꽃이 필 무렵에는 아침 햇빛이 1~2시간 드는 곳에 두고 한낮에도 너무 따뜻하지 않게 베란다의 창을 열어 준다. 꽃 필 무렵에 기온이 너무 높으면 고온장애로 꽃이 피지 않고 모두 닫긴꽃이 되기 쉽다.

물주기
메마른 흙에서 잘 자라므로 겉흙이 희게 마르면 준다.

거름주기
봄, 가을에 물거름을 묽게 희석해서 매주 한 번 정도 준다.

 꽃밭

심기

햇빛이 잘 들고 물이 잘 빠지는 자리에 심는다. 대개 야산의 풀밭에서 할미꽃, 조개나물, 산자고, 양지꽃, 타래난초, 구슬붕이 등과 함께 어울려 자라므로 이들과 섞어 심어도 좋고 제비꽃만 따로 모아 무리를 이루게 해도 좋다. 제비꽃만 따로 심을 때는 곁에 작은 돌을 곁들여 주면 좋다.

늘리기

씨뿌리기

제비꽃은 여러해살이풀이지만 수명이 조금 짧다. 씨를 뿌려 포기를 늘려 나가는 것이 좋다.

① 꽃이 진 다음 닫긴꽃(폐쇄화)이 생겨난다. 씨가 익으면 열매껍질이 벌어지면서 사방으로 튀어나가므로 줄기와 열매가 곧게 섰을 때 줄기째 잘라 눈이 촘촘한 그물주머니나 종이봉투에 넣어 두면 씨가 저절로 터져 나온다._그림

② 씨는 씨뿌림상자에 뿌린다. 씨는 싹이 아주 잘 튼다. 뿌리가 빨리 자라나므로 새싹이 떡잎만 나왔을 때 밴 곳을 솎아 준다.

③ 이듬해에 꽃이 핀다.

줄기와 열매가 곧게 섰을 때 줄기째 자르거나 열매의 이음선이 열리고 씨가 튀어나갈 때 씨를 받는다. 씨는 갈색이다.

포기나누기
묵은 포기를 나누어 심는다.

잎꽂이
6~7월에 건강하게 자란 잎을 따서 턱잎(잎자루가 시작되는 부분에 달린 작은 잎) 부분을 흙에 꽂아 주면 2주 전후로 눈(부정아)이 생겨난다. 눈이 생기면 본잎 줄기 끝에 달린 큰잎을 잘라 주어야 눈이 잘 자란다. 뿌리에 병이 있거나 선충 감염 위험이 있는 변종을 번식시킬 때 쓰는 방법이다.

뿌리꽂이
포기나누기나 분갈이를 할 때 굵은 뿌리를 3cm 안팎으로 잘라 위, 아래가 바뀌지 않도록 꽂아 준다. 2주 전후로 눈(부정아)이 생긴다. 이듬해에 꽃을 볼 수 있다.

	1월	2월	3월	4월	5월	6월	7월	8월	9월	10월	11월	12월
어미포기	●	●		✿	✿	∴	∴	∴	∴		◊	●
씨						•••	⚘	⚘	⚘		◊	●
거름			●	●	●				●	●		
늘리기			⚱						⚱	⚱		
두는 곳					▨	▨	▨	▨				

구슬봉이

Gentiana squarrosa Ledeb. var. *squarrosa*

과명 용담과 | **약이름, 다른 이름** 인엽용담(鱗葉龍膽), 석용담(石龍膽), 구슬봉이, 구실봉이 | **생육상** 두해살이풀 | **사는 곳** 햇빛이 잘 드는 풀밭과 풀밭 가장자리의 나무 그늘에서 자란다. | **높이** 2~10cm | **꽃 피는 시기** 4~5월

심기
구슬봉이는 한데 어울려 있어야 존재감이 드러날 만큼 잎과 꽃색이 연하므로 넓은 분에 여러 포기 모아 심는다. 분의 깊이는 최소한 10cm 이상인 것이 좋다.

햇빛
햇빛이 잘 드는 곳에 둔다.

① 열매껍질이 누르스름해지면 거의 다 익은 것이다.

물주기
겉흙이 희게 마르면 준다.

거름주기
매년 분갈이를 해주면 굳이 거름을 주지 않아도 잘 자란다. 크게 기르려면 물거름을 묽게 희석해서 매주 한 번 정도 준다.

늘리기
씨뿌리기
① 구슬봉이는 꽃이 끊임없이 피어나고 꽃이 피는 동안 열매가 익으며 씨가 바람에 날려 싹이 튼다. 열매가 꽃받침 위로 둥글게 솟아올라 누르스름하게 물들면 거의 익은 상태이다. 그림 ①
② 열매껍질이 벌어지며 씨가 넘치듯 나오고 실바람에도 날려간다(씨에는 날개가 있다). 그림 ②
③ 씨는 구슬봉이를 심은 화분이나 씨뿌림상자에 바로 뿌리고 햇빛이 잘 드는 곳에 둔다. 일주일 전후로 싹이 트기 시작하며, 장마가 시작되기 전까지 새싹이 계속 올라오므로 밴 곳을 솎아 준다.
④ 이듬해 봄에 꽃이 핀다.

② 열매의 이음선이 열리면 씨가 넘치듯 나와 바람에 날린다.

	1월	2월	3월	4월	5월	6월	7월	8월	9월	10월	11월	12월
어미포기	▢	▢	◠	✿	✿	∴						
씨						•••	⚘				⟡	▢
거름			●	●	●				●			
늘리기			⚱						⚱	⚱		

붓꽃
Iris sanguinea Donn ex Horn

| **과명** 붓꽃과 | **약이름, 다른 이름** 계손(溪蓀), 동방계손(東方溪蓀) | **생육상** 여러해살이풀 | **사는 곳** 햇빛이 잘 드는 메마른 풀밭에서 자란다. | **높이** 60cm 안팎 | **꽃 피는 시기** 5~6월

심기
햇빛이 잘 들고 물빠짐이 좋은 메마른 자리에 심는다. 흙은 가리지 않으며, 무리지어 자란다. 어린포기를 옮겨 심었는데 꽃이 피었으면 열매가 자라지 않도록 꽃을 본 다음 꽃줄기를 잘라 준다. 깊게 심어지거나 흙에 물기가 남아 있으면 싫어하지만 물은 좋아하므로 물빠짐이 잘 되게 심고 물을 자주 주는 것이 좋다. 자라는 동안 땅속뿌리가 흙 위로 튀어나오면 덮어 준다. 흙을 덮어 주지 않으면 자라는 힘이 약해져 이듬해 봄에 크고 싱싱한 잎과 꽃을 보기 어렵다.

거름주기
봄, 가을에 한 번씩 덧거름으로 완숙퇴비를 준다. 장마가 끝난 다음에도 잘 자라지 못한 포기에는 가을에 덧거름을 한 번 더 준다.

늘리기
씨뿌리기
① 가을에 갈색으로 물든 열매를 잘라 그늘에 두었다가 열매껍질이 벌어지면 씨를 털어 낸다.
② 가을 또는 봄에 씨를 뿌린다. 씨를 하루나 이틀 물에 불린 다음 뿌리면

싹이 빨리 튼다. _그림 ①
③ 잘 자란 것은 이듬해 봄에 꽃을 볼 수 있다.

포기나누기
가을에 묵은 포기를 캐서 가위로 뿌리를 깨끗하게 정리하고 눈을 나누어 심는다. 좋은 꽃을 보려면 눈을 3~5개씩 붙여 나누어 주고, 포기를 많이 늘리려면 눈을 1~2개씩 붙여 나누고 눕히듯 심되 너무 깊이 묻지 않는다. _그림 ②

① 씨에서 싹이 튼 모습

② 눈을 3~5개씩 붙여서 나누어 준다.

	1월	2월	3월	4월	5월	6월	7월	8월	9월	10월	11월	12월
어미포기	▨	▨	✿	✿	❀	❀			∴	∴	◗	▨
씨	▰	▰	🌱	🌱							◗	▨
거름				●	●				●			
늘리기			🪴						🪴	🪴		

꿀풀

Prunella vulgaris for. *lilacina*

| **과명** 꿀풀과 | **약이름, 다른 이름** 하고초(夏枯草), 하고두(夏枯頭), 꿀방맹이, 가지골나물 | **생육상** 여러해살이풀 | **사는 곳** 햇빛이 잘 드는 풀밭에서 흔히 자란다.
| **높이** 20~30cm | **꽃 피는 시기** 5~7월

꽃 밭

심기

흙은 가리지 않으므로 햇빛이 잘 들고 물빠짐이 좋은 자리에만 심어 준다. 줄기가 벋어 나가며 새로운 포기를 만들어 뿌리를 내리고,_그림 ① 포기가 풍성해지며 2~3년 이상 한자리에서 잘 자라므로 장마철에 흙이 흘러내리는 곳이나 돌계단 사이의 빈틈, 정원의 돌 틈에 돌나물 등과 함께 심으면 좋다.

거름주기

제대로 자라지 못할 만큼 척박한 곳에 심은 포기에만 봄, 가을에 완숙퇴비를 한 번씩 준다. 꿀풀은 거름을 너무 많이 주면 잎만 무성해지고 꽃달림이 나빠지므로 잘 조절해서 준다.

늘리기

씨뿌리기

① 6~7월에 황갈색으로 물들어 가기 시작하는 이삭줄기를 잘라 그늘에 말린다. 꿀풀은 열매껍질이 거칠어 맨손으로 씨를 받기가 성가시므로 이삭줄기를 한데 묶어 거꾸로 매달아 두고 말리면 씨가 저절로 쏟아진다. 씨는 갈색이다._그림 ②

② 씨를 뿌리면 2주 전후로 싹이 튼다. 새싹은 한꺼번에 우르르 돋아나므로 밴 곳을 솎아 주고 가을에 옮겨 심는다.
③ 이듬해 봄에 꽃이 핀다.

포기나누기
2~3년 이상 한자리에서 기른 것은 두껍게 엉킨 포기를 솎아 준다. 4월과 9월에 밴 곳을 솎아 내듯 포기를 들어내어 여러 갈래로 나눈 다음 원하는 곳으로 옮겨 심는다.

② 씨는 검은 갈색으로 익는다.

① 줄기가 벋어 나가면서 새로운 포기를 만든다.

	1월	2월	3월	4월	5월	6월	7월	8월	9월	10월	11월	12월
어미포기	●	●	♠	♠	✿	✿	∴	∴		✿	●	●
씨						●	✿			✿	●	●
거름			●	●	●				●			
늘리기				▯					▯			
두는 곳						◣	◣					

180

여름

자금우

Ardisia japonica (Thunb.) Blume

과명 자금우과 | **약이름, 다른 이름** 평지목(平地木), 지길자(地桔子), 산길(山桔), 방맹이나무 | **생육상** 늘푸른 작은키나무(상록 소관목) | **사는 곳** 제주도와 여러 섬의 숲 속 나무 아래 무리지어 산다. | **높이** 10cm 안팎 | **꽃 피는 시기** 5~6월

심기
키가 작고 뿌리줄기가 잘 벋어 나가므로 플랜터나 넓은 접시 같은 화분에 무리지어 심으면 좋다. 분 바닥에 콩알 크기의 마사토를 깔고 부엽토나 혼합토에 팥알 크기의 마사토를 섞거나 무겁지 않은 난전용토를 섞어 심는다. 자생지에서도 뿌리줄기들이 서로 얽힌 채 밖으로 드러나는 일이 흔하므로 흙이 뿌리줄기를 너무 무겁게 누르지 않도록 한다.

햇빛
밝은 그늘 아래 또는 그늘에 둔다. 일 년 내내 어두운 나무 그늘 아래서 자라므로 직사광선을 피하고, 은은하게 들어오는 아침 햇빛을 잠깐 보여 주는 것이 좋다.

물주기
한창 자랄 때는 흠뻑 주고, 겨울에는 마르지 않을 정도로만 주며 공중습도를 높여 주는 것이 좋다.

거름주기
봄, 가을에 덧거름으로 완숙퇴비나 고형비료를 몇 개 얹어 준다.
거름을 많이 주어 크게 기르지 않는다.

늘리기
씨뿌리기
겨우내 즐긴 빨간 열매를 3~4월에 따서 껍질을 벗겨 내고 씨를
심는다.

포기나누기
사방으로 벋어 나간 뿌리줄기를 나누어 심는다. 심을 때는 잎을
반으로 자르고 열매를 모두 따 낸다. _그림

잎을 반으로 자르고 열매를 모두 따 낸 다음 심는다.

	1월	2월	3월	4월	5월	6월	7월	8월	9월	10월	11월	12월
어미포기	◡	◡	✿	✿	✿	✿					∴	∴
씨	∴	∴	•••									
거름			●	●	●				●			
늘리기				⌴	⌴				⌴			
두는 곳	▨	▨	▨	▨	▨	▨	▨	▨	▨	▨	▨	▨

배풍등

Solanum lyratum Thunb. ex Murray

과명 가지과 | **약이름, 다른 이름** 털배풍등, 배풍 | **생육상** 여러해살이 덩굴풀 | **사는 곳** 물이 잘 빠지는 바위틈이나 대나무밭 가장자리, 햇빛이 잘 드는 길가 언덕에서 자란다. | **높이** 3m 안팎 | **꽃 피는 시기** 6~7월

 꽃밭

심기
햇빛이 잘 드는 담장 아래나 가을에 붉게 물든 열매를 감상하기 좋은 자리에 심는다. 4월 하순경부터 덩굴이 부드럽고 길게 자라나 늘어지거나 다른 물체나 줄기를 감고 올라가기를 좋아하므로, 기르는 사람이 집안 분위기와 어울리게 연출을 해준다. 이때가 지나면 줄기가 굳어지면서 가지와 꽃눈이 생긴다._그림 ①

햇빛
반그늘 아래서 잘 자라며 햇빛이 너무 밝으면 잎이 축 늘어지기도 한다.

물주기
물이 잘 빠지는 자리를 좋아하므로 자리를 잘 골라 심고, 건조한 날이 계속되면 가끔 물을 준다.

① 어릴 때는 덩굴이 부드럽고 길게 자라므로 줄기가 굳어지기 전에 감아 올라갈 방향으로 줄기를 고정시키고 모양을 잡아 준다.

거름주기
척박한 땅에서도 잘 자라므로 크게 키우고 싶을 때에만 봄에 덧거름으로 완숙퇴비를 준다.

늘리기
씨뿌리기
① 열매가 윤기 나는 붉은색으로 익으면 따서 그늘에서 숙성시킨 다음 씨를 발라내어 뿌린다. 열매가 완전히 성숙할 때까지 기다렸다 딸 수도 있지만 그 전에 새의 먹이가 되므로 붉어지면 3~4개 정도 따는 것이 좋다._그림 ②
② 봄에 싹이 트면 밴 곳을 솎아 준다. 가을에 붉은 열매를 볼 수 있다.

포기나누기
봄에 눈이 움직일 무렵 포기를 나누어 준다.

② 열매는 윤기 나는 붉은색으로 익는다.

	1월	2월	3월	4월	5월	6월	7월	8월	9월	10월	11월	12월
어미포기	◨	◨	⚘	⚘	✿	❀	❀		⋮	⋮	🍃	◨
씨	▱	▱	🌱	🌱							🍃	◨
거름				●	●							
늘리기			🪴						🪴	🪴		
두는 곳					◣	◣	◣	◣	◣			

어수리

Heracleum moellendorffii Hance

과명 미나리과 | **약이름, 다른 이름** 백지(白芷), 단모백지(端毛白芷) | **생육상** 여러해살이풀 | **사는 곳** 햇빛이 잘 들고 습기가 많은 깊은 산 숲 속이나 습기가 많은 풀밭에서 자란다. | **높이** 1m 안팎 | **꽃 피는 시기** 6~8월

꽃 밭

심기
햇빛이 잘 들고 부드럽고 촉촉한 흙이 있는 곳에 심는다.

거름주기
봄, 가을에 덧거름으로 완숙퇴비를 넉넉하게 한 번씩 준다. 거름이 포기에 닿지 않게 한다. 어린잎을 먹기 위해 재배한다면 가을에 완숙퇴비와 부엽토 등을 듬뿍 섞어 두세 번 갈아 준 다음 봄에 어린 모종을 옮겨 심는다.

① 열매가 연녹색에서 노란 갈색으로 익는다.

늘리기
씨뿌리기
① 꽃이 피고 약 50일이 지나면 열매가 연녹색에서 노란 갈색으로 익기 시작한다. _그림 ①
② 화분에 흙을 넣고 씨를 뿌린 다음 왕겨나 나무껍질, 거친 부엽토 등을 약 3cm 두께로 두툼하게 덮어 준다. 온실에 뿌릴 때도 같은 방법을 쓴다. 싹이 아주 잘 트므로 씨는 드문드문 흩어 뿌린다. _그림 ②

② 씨를 뿌린 다음 왕겨, 나무껍질, 거친 부엽토 등을 두툼하게 덮어 준다.

③ 물을 흠뻑 준다. 가을 내내 물을 흠뻑 주고 겨울에도 화분에 뿌린 것은 흙이 마르지 않도록 가끔 물을 준다. 무가온 온실에 뿌린 것은 겨우내 온실 문을 꼭 닫아 두었다면 3월부터 다시 물을 주기 시작한다.

④ 싹이 트면 밴 곳을 솎아 준다. 본잎이 나오기 전에 솎아야 힘들지 않고 뽑을 수 있다._그림 ③

⑤ 본잎이 1~2장 나왔을 때 포트에 잠깐 옮겨 심어 주고, 뿌리가 완전히 내린 5월 중순경에 꽃밭이나 약초밭에 아주심기(정식)할 수 있다. 시기를 놓쳤을 때는 장마철에 비가 많이 오는 날 옮겨 심는다._그림 ④

⑥ 2년차에 꽃이 핀다.

> **TIP** 어수리는 27~30℃ 안팎의 고온에서는 싹이 잘 트지 않으므로 받은 즉시 씨를 뿌려 겨울철 추위를 매섭게 겪게 한다.

③ 새싹은 본잎이 나오기 전에 솎아 준다.

④ 본잎이 1~2장 나와 자랄 무렵부터 옮겨 심을 수 있다.

	1월	2월	3월	4월	5월	6월	7월	8월	9월	10월	11월	12월
어미포기	●	●	🌱	🌱			✿	✿	∴	∴	🍂	●
씨	●	●	🌱	🌱							🍂	●
거름				•	•				•			
늘리기			⚱	⚱					⚱	⚱		

까치수염

Lysimachia barystachys Bunge

과명 앵초과 | **약이름, 다른 이름** 낭미화(狼尾花), 개꼬리풀 | **생육상** 여러해살이풀 | **사는 곳** 전국의 산이나 들에서 자란다. | **높이** 50~100cm | **꽃 피는 시기** 6~8월

 꽃 밭

심기
햇빛이 잘 들고 유기물이 풍부한 흙에 심는다. 딱딱하고 메마른 흙에서는 까치수염 특유의 매력이 잘 드러나지 않으므로 굳은 땅은 가을에 미리 완숙퇴비와 부엽토 등을 섞어 부드럽게 만든 다음 봄에 포기를 옮겨 심는다. 가을의 단풍이 아름다우므로 씨를 받지 않는 포기는 꽃이 진 다음 열매이삭을 잘라 준다.

거름주기
뿌리줄기가 이리저리 벋어 나가므로 번식은 잘 되지만 흙이 나쁘면 자라는 상태가 좋지 않으므로 봄, 가을에 덧거름으로 완숙퇴비를 준다.

늘리기
씨뿌리기
① 가을에 열매가 붉은 갈색으로 익는다. 그림 ②
② 열매이삭이 2/3 정도 익었을 때 잘라 씨를 받는다. 씨는 검은색이다. 그림 ①
③ 씨뿌림상자에 바로 뿌리거나 이듬해 3월에 뿌린다.

① 씨는 검은색이다.

④ 5월 초순경이면 본잎이 3~4장 나오는데 이때 옮겨 심는다. 2년차에 꽃이 핀다.

포기나누기

봄에 여기저기에서 돋아나는 새싹을 정리하여 한곳에 모아 심고, 가을에는 길게 벋어 나간 뿌리줄기를 캐서 한곳에 모아 심는다._그림 ③

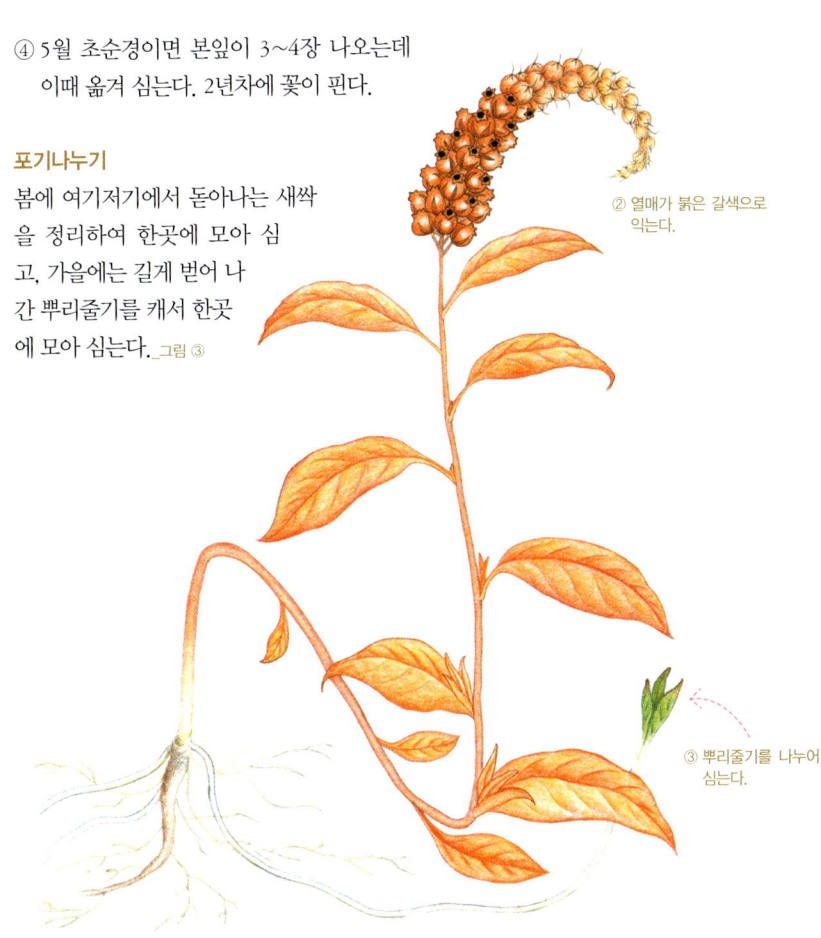

② 열매가 붉은 갈색으로 익는다.

③ 뿌리줄기를 나누어 심는다.

	1월	2월	3월	4월	5월	6월	7월	8월	9월	10월	11월	12월
어미포기	◨	◨				❀	❀	⋯	⋯			◨
씨	▭	▭	🌱	🌱								▭
거름				•	•				•			
늘리기				⚱	⚱					⚱	⚱	
두는 곳						◣	◣					

흰꽃장구채

Silene alba (Mill) E. H. L. Krause ; *Lychnis alba* Miller ; *Melandryum album* Gascke

과명 석죽과 | **약이름, 다른 이름** 맥란채(麥蘭菜), 왕불류행(王不留行), 개장구채, 담홍장구채 | **생육상** 두해살이풀 | **사는 곳** 유럽 원산의 귀화식물. 남부, 중부 지방의 산과 들, 특히 대관령 일대에서 자란다. | **높이** 70cm 안팎 | **꽃 피는 시기** 6~9월

 꽃 밭

심기
햇빛만 잘 들면 자리를 그다지 가리지 않으나 물이 잘 빠지는 곳에 심는 것이 좋다. 비 내리는 날 꽃잎을 오므리지 않아서 꽃밭을 적적하게 만들지 않는다. 잎이 볼품없으므로 풍성하게 자라는 기린초와 함께 심으면 좋다. 꽃을 본 다음 작은 꽃줄기들을 잘라 주면 잎겨드랑이에서 새 가지가 나와 꽃이 핀다.

거름주기
자라는 상태를 보아 봄에 덧거름으로 완숙퇴비를 한 번 준다.

늘리기
씨뿌리기
① 흰꽃장구채는 암그루와 수그루가 따로 있다. 꽃받침통이 크고 둥글며 보기 좋은 것이 암그루인데, 씨는 암그루에서 받을 수 있으므로 꽃봉오리가 크게 나올 때까지 여러 포기를 길러 놓는다. _그림 ①_
② 꽃받침통이 열매를 감싸고 있으므로

① 꽃받침통이 크고 둥근 것이 암그루이다.

잘 살펴 열매껍질이 누런 갈색으로 익은 것을 잘라 그늘에 말리거나 열매껍질이 벌어진 것을 털어 씨를 받는다. _그림 ②_

③ 씨는 회갈색으로 익는다. 받은 씨는 즉시 뿌리거나 이듬해 봄에 뿌린다. 초여름에 일찍 받은 씨를 뿌리면 가을에 작은 포기에서 몇 송이의 꽃이 핀다.

포기나누기
묵은 포기를 나누어 심는다.

② 열매껍질이 누런 갈색으로 익으면 이음선이 열리고 회갈색 씨가 쏟아진다.

왜솜다리

Leontopodium japonicum Miq.

과명 국화과 | **약이름, 다른 이름** 박설화융초(薄雪火絨草), 노두초(老頭草) | **생육상** 여러해살이풀 | **사는 곳** 소백산 이북의 고산지대와 고원지대의 산기슭에서 자란다. | **높이** 20~50cm | **꽃 피는 시기** 7~8월

심기
깊이 10~15cm의 얕은 분을 고른다. 분 바닥에 콩알 크기의 마사토를 넉넉히 깔아 물빠짐이 좋고 뿌리에 신선한 공기가 잘 드나들도록 한 다음 혼합토 30 : 팥알 크기의 마사토 70의 비율로 섞은 흙에 심는다. 심기 전에 묵은잎을 깨끗이 다듬어 주고 묵은 뿌리는 잘라 낸 다음 새 뿌리를 잘 펴서 심는다.

햇빛
한여름에는 분 속이 너무 뜨거워지지 않도록 아침 햇빛이 1~2시간 드는 곳에 두고 봄, 가을, 겨울에는 햇빛을 많이 받을 수 있는 곳에 둔다.

물주기
물만 잘 빠지면 흙이 마르지 않도록 주고 겨울에는 겉흙이 마른 듯할 때 준다.

① 화분의 흙을 촉촉하게 적신다.

거름주기

자라는 상태를 보아 봄, 가을에 물거름을 묽게 희석하여 한 달에 한 번 정도 뿌려 준다. 낮은 지대로 내려온 왜솜다리는 특별히 거름을 주지 않고 비만 맞혀도 아주 잘 자라므로 너무 크게 키우지 않도록 한다. 몸집이 너무 커지면 꽃이 좋지 않다.

늘리기

씨뿌리기

① 9월 중순경부터 씨를 받는다. 씨는 오랫동안 날아가지 않고 꽃받침(화탁)에 붙어 있다. 손질한 씨는 냉동실에 보관하거나 즉시 뿌려 준다.
② 4월 하순~5월 초순에 화분에 흙을 담아 물을 충분히 주거나 물그릇에 화분을 넣어 촉촉하게 적셔 놓는다. _그림 ①
③ 씨는 아주 작으므로 반으로 접은 종이에 담아 화분 위에 흩어 뿌린다. _그림 ②

② 씨는 흩어 뿌린다.   ③ 고운 마사토로 덮어 준다.   ④ 떡잎만 나왔을 때 솎아 준다.

④ 씨가 바람에 날리거나 물을 줄 때 튀어나가지 않도록 아주 고운 마사토로 덮어 준다. _그림 ③
⑤ 일주일이면 싹이 튼다. 100%에 가까운 발아율을 보인다. 뿌리가 빨리 내리므로 떡잎만 나왔을 때 밴 곳을 핀셋으로 솎아 준다. _그림 ④
⑥ 본잎이 2~3장 나오면 옮겨 심는다. _그림 ⑤
⑦ 안정되면 아침 햇빛이 잘 드는 곳으로 옮긴다.

포기나누기
밑동에서 생겨나는 어린포기를 9월이나 4월에 나누어 심는다. 포기는 너무 작게 나누지 말고 새싹을 2~3개씩 붙여 한 포기를 만든다.

⑤ 본잎이 2~3장 나오면 옮겨 심는다.

	1월	2월	3월	4월	5월	6월	7월	8월	9월	10월	11월	12월
어미포기	🌰	🌰	🌱	🌱			✿	✿	✿	∴	∴🍃	🌰
씨	•••	•••	🌱	🌱							🍃	🌰
거름				●	●				●			
늘리기				🪴	🪴				🪴			
두는 곳							◣	◣				

단풍취

Ainsliaea acerifolia Sch. Bip.

과명 국화과 | **약이름, 다른 이름** 축엽토아풍(槭葉兎兒風), 괴발딱취, 장이나물, 괴불딱취 | **생육상** 여러해살이풀 | **사는 곳** 큰 나무들이 많이 자라는 숲 속의 나무 그늘 아래서 무리지어 자란다. | **높이** 10~50cm | **꽃 피는 시기** 7~9월

심기
입지름이 넓은 분에 여러 포기를 모아 심는다. 분 바닥에 콩알 크기의 마사토를 깔고 혼합토나 부엽토에 팥알 크기의 마사토를 조금 섞어 심는다.

햇빛
밝은 그늘 밑을 좋아하므로 새싹이 올라오는 이른 봄과 잎이 진 겨울에만 아침 햇빛이 잘 드는 자리에 두고 4월 중순~5월 초순경부터는 반그늘로 옮겨 준다.

물주기
흙이 마르면 잎이 아래로 축 늘어지면서 시들어 버리므로 여러 포기가 빽빽이 심어진 분은 겉흙이 마르기 시작하면 곧 물을 준다.

거름주기
봄, 가을에 덧거름으로 덩이거름을 한 번씩 준다. 단풍취는 너무 크지 않게 길러야 특유의 앙증스러움을 감상할 수 있다.

 꽃밭

① 씨는 검은 갈색으로 익는다.
② 뿌리목에 생겨난 눈을 나누어 심는다.

심기
잎이 지는 나무와 늘푸른나무 사이의 흙 표면을 덮는 식물로 심으면 좋다. 부드럽고 비옥한 흙에서 잘 자라므로 심기 전에 미리 완숙퇴비와 부엽토 등을 섞어 둔다.

늘리기
씨뿌리기
잎이 보라색으로 물들 무렵 줄기를 길게 잘라 와 열매를 말린 다음 씨를 받는다. 씨는 검은 갈색으로 익는다. 그림① 씨는 아주 늦게까지 날아가지 않고 매달려 있으므로 첫눈이 올 무렵에도 받을 수 있다.

포기나누기
뿌리목에서 생겨난 눈을 이른 봄에 나누어 심는다. 때를 놓쳐 눈이 움직이기 시작했다면 새싹이 완전히 자라나 솜털을 어느 정도 벗고 잎이 절반 이상 펼쳐졌을 때 포기를 나누어 준다. 화분에 심어 베란다에서 기른 것은 씨를 받기 어려우므로 포기를 나누어 준다. 그림②

	1월	2월	3월	4월	5월	6월	7월	8월	9월	10월	11월	12월
어미포기	▪	▪					✿	✿	✿	⋯	⋯	▪
씨	▪	▪									▪	▪
거름				•	•				•			
늘리기												
두는 곳												

물레나물

Hypericum ascyron L.

과명 물레나물과 | **약이름, 다른 이름** 황해당(黃海棠), 금사호접(金絲胡蝶), 물레나무 | **생육상** 여러해살이풀 | **사는 곳** 산과 들의 습기 많은 풀밭에서 자란다. | **높이** 50~100cm | **꽃 피는 시기** 6~8월

꽃밭

심기
하루 종일 햇빛이 비치는 습기가 많은 땅을 좋아한다. 1년만 길러도 곁눈이 많이 생겨나고 포기가 커지므로 포기 사이를 30cm 정도 띄워 심는다. 습기가 많은 땅을 좋아하지만 물빠짐이 나쁘면 잘 자라지 못하므로, 이런 곳은 심기 전에 콩알 크기의 마사토를 섞어 준다.

거름주기
크고 풍성하게 기르려면 봄, 가을에 덧거름으로 완숙퇴비를 준다.

늘리기
씨뿌리기
① 꽃이 진 다음 도토리를 닮은 열매가 달리고 8~9월에 갈색으로 익는다. 줄기째 잘라 그늘에서 말린 다음 껍질이 살짝 벌어지면 씨를 털어 낸다. 씨는 붉은 갈색이다. _그림 ①

① 씨는 붉은 갈색으로 익는다.

② 씨뿌림상자에 뿌리면 2주 뒤에 싹이 튼다. 본잎이 2~3장 나왔을 때 옮겨 심는다.
③ 본잎이 5~6장 이상 생겨나면 분을 털어 꽃밭에 아주심는다. _그림 ②
④ 늦가을에 원하는 곳에 씨를 뿌려 두었다가 이듬해 봄에 싹이 트면 밴 곳을 솎아 내고 그대로 기르기도 한다. 봄에 싹이 튼 포기는 늦가을에 꽃이 핀다.

② 본잎이 5~6장 이상 나와 자라면 아주심기한다.

포기나누기

봄, 가을에 묵은 포기를 나누어 심는다. 큰 포기에는 눈이 많이 있어, 포기를 나눌 때 많이 상하기도 한다. 묵은 줄기를 깨끗이 잘라 내고 삽으로 포기를 떠낸 다음 흙을 털고 뿌리 아래쪽으로 가위집을 내어 눈을 나누면 편리하다. _그림 ③

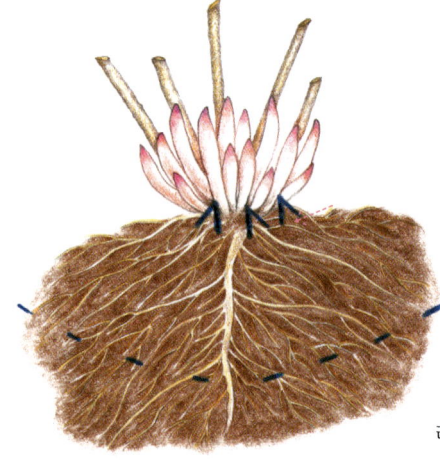

③ 눈이 촘촘하게 생겨나므로 눈 아래쪽과 뿌리 사이로 가위집을 내준다.

	1월	2월	3월	4월	5월	6월	7월	8월	9월	10월	11월	12월
어미포기	●	●	✿	✿		❀	❀	❀	•	•	🍃	●
씨	●	●	✿	✿					❀	❀	🍃	
거름				•	•				•			
늘리기				⚱	⚱				⚱	⚱		
두는 곳						▲	▲	▲				

해란초
Linaria japonica Miq.

과명 현삼과 | **약이름, 다른 이름** 해빈유천어(海濱柳穿魚), 운난초 | **생육상** 여러해살이풀 | **사는 곳** 바닷가 모래땅. 특히 동해안에서 많이 자란다. | **높이** 10~40cm | **꽃 피는 시기** 6~9월

꽃 밭

심기
종일 햇빛이 잘 들고 물빠짐이 좋은 메마른 땅에 심어야 작고 예쁘게 자란다. 흙을 가리지 않고 잘 자라며, 바닷가 모래밭에서는 풍성하게 자라지 않지만 꽃밭에 심으면 상태가 좋아져 뿌리줄기가 이리저리 벋어 나가 주변을 몽땅 덮어 버리기도 한다.

거름주기
크게 키우고 싶으면 봄, 가을에 덧거름으로 완숙퇴비를 준다.

늘리기
씨뿌리기
① 7월 초순부터 씨를 받아 뿌린다. 씨는 회흑색으로 익으며 얇고 주름이 있다. _그림 ①_ 돌 틈 사이에 뿌려 주어도 좋다. 씨를 받으면서 꽃이 진 줄기들을 깨끗이 잘라 내면 새 줄기가 나오고 그 끝에서 다시 꽃이 핀다.
② 10℃ 정도면 싹이 터서 자라고, 대개 10월 중순 무렵에 첫 꽃이 핀다. 꽃은 서리만 맞지 않으면 오래도록 피고 진다.

포기나누기

봄, 가을에 줄기 밑부분에 생겨난 어린포기를 나누어 심는다. _그림 ②

① 씨는 얇고 주름이 있으며 회흑색으로 익는다.

② 줄기 아랫부분(뿌리목)에 생겨난 어린포기를 나누어 심는다.

	1월	2월	3월	4월	5월	6월	7월	8월	9월	10월	11월	12월
어미포기	●	●	⋏	⋏		❀	∴	∴	∴	●	◊	●
씨	●●	●●	⋎	⋎						❀	◊	●
거름				●	●				●	●		
늘리기			⌴	⌴					⌴	⌴		

벌노랑이

Lotus corniculatus var. *japonica* Regel

과명 콩과 | **약이름, 다른 이름** 오엽초(五葉草), 우각화(牛角花), 벌조장이, 벌노랭이 | **생육상** 여러해살이풀 | **사는 곳** 햇빛이 잘 드는 바닷가와 산과 들의 풀밭에서 자란다. | **높이** 30cm 안팎 | **꽃 피는 시기** 6~10월

심기
햇빛이 잘 드는 곳이라면 흙을 가리지 않고 잘 자란다. 꽃밭에 그냥 심어도 좋지만 크고 넓은 화분에 마사토를 넉넉히 섞은 흙을 넣고 몇 포기 모아 심어 햇빛이 잘 드는 곳에 두면 단정하게 자란 잎 사이에서 생기발랄하게 핀 노랑꽃이 보기에 좋다.

거름주기
콩과 식물이므로 꽃밭에 심은 것은 굳이 거름을 줄 필요가 없다.

늘리기
씨뿌리기
① 씨는 열매껍질이 황갈색으로 물들 때부터 받을 수 있지만 열매껍질이 검게 변할 무렵 받는 것이 가장 좋다. 씨는 검게 익는데 황갈색일 때 뿌려도 싹이 잘 튼다. _그림 ①_
② 씨는 딱딱하게 마른 씨(경실)이므로 콩을 불리듯 하루 정도 물에 불렸다가 뿌린다. 씨 뿌린 지 2~3일이 지나면 싹이 트기 시작한다.
③ 빨리 자란 것은 6월 초순부터 옮겨 심을 수 있다. 옮겨 심는 과

정에서 몸살을 하는 일이 거의 없고 곧 새순이 나와 자란다. 옮겨심기는 떡잎 겨드랑이 사이에서 새순이 나란히 올라와 어느 정도 자랐을 때 하는 것이 좋다. _그림 ②

꺾꽂이
장마철에 새 줄기의 끝부분(끝순, 冠芽)을 잘라 꽂아 준다.

① 씨는 검은색으로 익는다.

② 씨에서 싹이 튼 모습. 떡잎 겨드랑이에서 새순이 나란히 나와 자라기 시작하면 옮겨 심는다.

나리 심는 법

나리가 자라는 환경
잎이 마주나는 참나리, 중나리, 털중나리, 땅나리, 큰솔나리, 하늘나리, 날개하늘나리 등은 대개 산자락의 비탈진 곳이나 바위 절벽, 풀밭, 민가의 꽃밭 등에서 햇빛을 마음껏 받으며 자라므로 양지식물로, 잎이 돌려나는 하늘말나리, 섬말나리, 말나리 등은 여러 종류의 나무가 섞여 자라는 풀밭에서 잘 자라므로 반음지성 식물로 정리해 두면 꽃밭에 심어 기를 때 심는 장소를 정하기가 쉽다.

꽃밭에 심기
① 부숙된 낙엽이나 완숙퇴비 등으로 만들어진 부드럽고 촉촉한 흙이 있으며 물빠짐이 잘 되는 자리에 심는다.
② 한번 심으면 잘 옮겨 심지 않고 3년 이상 같은 자리에서 뿌리를 내리고 살아가므로, 심기 전에 30~40cm의 깊이로 땅을 갈아 완숙퇴비와 소석회 등을 섞어 준다.
③ 씨를 뿌려 기른 어린 비늘줄기는 10cm 안팎의 깊이로 심고 어느 정도 자란 큰 비늘줄기는 15cm 이상의 깊이로 심는다. 큰 비늘줄기를 이보다 얕게 묻으면 자라는 힘이 약해진다. 아주 큰 비늘줄기는 30~40cm 깊이로 깊게 심는다.
④ 아직 어리거나 줄기와 잎이 가늘고 몸집이 작은 종류, 비늘줄기가 달걀 모양으로 갸름하거나 작은 것 등은 포기 사이의 간

격을 10cm 안팎으로 좁게 잡아 주고, 줄기가 굵거나 잎이 넓게 펼쳐지는 종류는 포기 사이의 간격을 15cm 안팎으로 넓게 잡아 준다.
⑤ 밑거름은 뿌리에 직접 닿지 않게 한다.

분에 심기

① 나리는 줄기가 늘씬하게 자라는 식물이므로 이 점을 배려해야 한다. 깊이가 20~30cm이고 입지름이 넓은 분에 3~10포기씩 모아 심으면 분과 서로 잘 어울린다.

① 비늘줄기가 큰 것은 30~40cm, 작은 것은 10~15cm 깊이에 심는다.
② 밑거름을 넣은 다음 뿌리에 거름이 닿지 않도록 흙을 얇게 한 겹 깔아 준다.
③ 잎이 옆(가로)으로 펼쳐져 자라는 것을 고려하여 비늘줄기 사이를 10~15cm 띄워 준다.

② 분 바닥에 콩알 크기의 마사토를 넉넉히 깔고 완숙퇴비를 한 켜 넣은 다음 부엽토나 혼합토에 마사토를 섞은 흙으로 심는다. 뿌리가 퇴비에 직접 닿지 않게 한다. 물빠짐이 나쁘거나 완숙되지 않은 거름을 넣으면 비늘줄기가 쉽게 썩는다.
③ 플랜터나 아주 큰 분에 심어 관상용으로 밖에 내놓을 때는 가장 큰 비늘줄기를 분의 중심에 심고 가장 작은 비늘줄기를 분 가장자리에 심어 꽃이 피었을 때의 시각적 균형을 맞추어 준다. 줄기의 높이는 비늘줄기를 심는 깊이로 조절한다. 깊게 심으면 키(줄기)가 커지고 얕게 심으면 키가 작아진다.

가꾸기

① 싹이 트면 덧거름을 가볍게 한 번 흩뿌려 주고 꽃밭에 심은 것은 짚이나 부숙된 낙엽 등으로 바닥덮기해 준다.
② 비늘줄기를 크고 튼튼하게 만들려면 꽃이 진 다음 꽃줄기를 잘라 내어 열매를 맺지 못하게 한다.
③ 겨울잠을 자지 못했거나 봄에 옮겨 심으면 줄기가 휘거나 꽃과 잎이 제대로 자라지 못한다. 반드시 겨울잠을 재우고 가을에 옮겨 심는다.
④ 바람이 잘 통하지 않고 햇빛이 잘 들지 않는 곳에서 자라면 포기 전체가 약해져서 세균에 감염되기 쉽다. 베란다에서 기를 때 특히 주의한다.
⑤ 물을 좋아하므로 자라는 동안에는 물을 충분히 주지만 꽃과 잎이 지고 비늘줄기만 남았을 때는 물 주는 횟수를 줄여 분 속의 흙이 약간 메마른 듯하게 해준다.
⑥ 비늘줄기가 있는 백합과 식물을 화분에서 기를 때는 토양선충이 많이 생기는 편이다. 분에 심은 것은 해마다 분갈이를 해주어 선충의 피해를 막는다.

하늘말나리

Lilium tsingtauense Gilg

과명 백합과 | **약이름, 다른 이름** 백합(百合), 소근백합(小芹百合) | **생육상** 여러해살이풀 | **사는 곳** 낮은 지대의 풀밭에서부터 높은 산정의 풀밭까지 잘 자란다. | **높이** 100cm 안팎 | **꽃 피는 시기** 6~7월

심기
밝은 그늘에서 잘 자란다. 늦가을부터 잎을 펼치기 시작하는 봄까지는 햇빛이 잘 들고, 꽃봉오리가 생길 무렵에는 줄기 부분이 그늘에 가려지는 것이 좋으므로 키가 50~70cm로 자라는 야생식물들 사이에 함께 심으면 좋다.

거름주기
봄, 가을에 한 번씩 덧거름으로 완숙퇴비를 준다.

늘리기
씨뿌리기
가을에 열매의 겉껍질이 밝은 갈색으로 물들기 시작하면 줄기째 길게 잘라 그늘에서 말린 다음 씨를 털어 낸다. 씨는 받은 즉시 뿌리거나 봄에 뿌리는데, 씨뿌림상자가 아닌 밭에 직접 뿌려도 좋다. 밭에는 봄에 뿌리는 것이 관리하기에 편리하다.

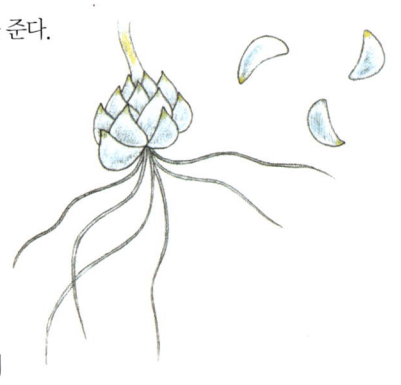

① 비늘조각이 부스러지듯 잘 떨어져 나간다.

비늘조각꽂이(인편삽)

① 하늘말나리는 유난히 비늘조각이 부스러지듯 잘 떨어져 나간다. 떨어진 비늘조각이나 굵은 비늘조각을 떼어 내어 마사토와 질석을 섞거나 부엽토나 혼합토에 마사토를 섞거나 거친 부엽토만으로 된 흙에 비스듬히 꽂는다. _그림 ①
② 흙에 꽂히는 부분은 0.5cm 정도면 충분하다. 거친 부엽토로만 된 흙에 꽂을 때는 비늘조각을 그냥 얹어 놓고 물만 주어도 작은 살눈이 잘 생긴다. _그림 ②
③ 40~60일 뒤에 비늘조각 밑부분 안쪽에서 작은 살눈이 생긴다. 늦가을에 부엽토를 1cm 두께로 덮어 준다. 3~4년차에 꽃이 핀다. _그림 ③

② 흙에 꽂히는 부분은 0.5cm 안팎이면 충분하다.

③ 비늘조각 밑부분 안쪽에서 살눈이 생긴다.

	1월	2월	3월	4월	5월	6월	7월	8월	9월	10월	11월	12월
어미포기	●	●	⚘	⚘		✿	✿		∴	∴	🍃	●
씨	▭	▭	⚘	⚘							🍃	●
거름			●	●	●				●			
늘리기									⊔	⊔		
두는 곳					▨	▨	▨	▨				

털중나리

Lilium amabile Palib.

과명 백합과 | **약이름, 다른 이름** 미백합(美百合), 조선백합(朝鮮百合), 털종나리 | **생육상** 여러해살이풀 | **사는 곳** 햇빛이 잘 드는 풀밭에서 자란다. | **높이** 50~100cm | **꽃 피는 시기** 6~7월

꽃 밭

심기

햇빛이 잘 들고 물빠짐이 좋으며 약간 메마른 듯한 곳에 심는다. 봄, 가을, 겨울에는 종일 햇빛을 보지만 여름에는 주변의 다른 식물들이 줄기 아랫부분을 가려 주는 곳이면 더 좋다. 꽃빛이 선명하고 화려한 데다 꽃모양이 정갈하므로 꽃이 돋보이도록 주변에 어지럽게 조형물들을 놓은 자리는 피한다.

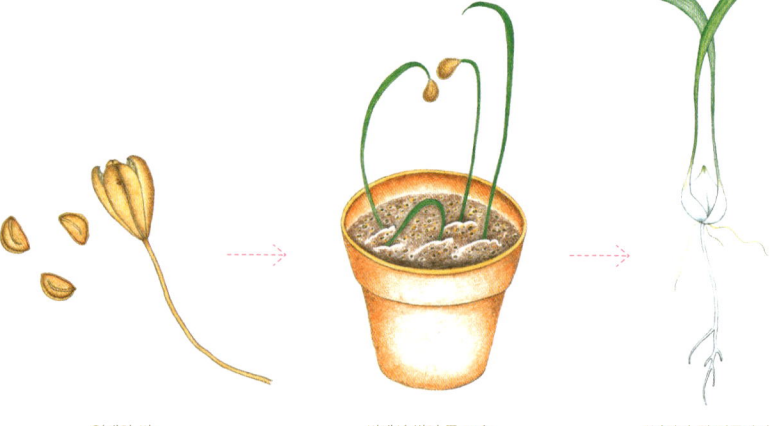

열매와 씨 　　　　씨에서 싹이 튼 모습 　　　　2년차가 된 털중나리

거름주기
봄, 가을에 덧거름으로 완숙퇴비를 준다.

늘리기
씨뿌리기
① 분에 뿌린 씨는 날아가지 않도록 부엽토나 녹두알 크기의 마사토를 덮어 준다.
② 햇빛이 잘 드는 곳에서 겨울을 난 씨는 3월 초순~중순에 싹이 트는데, 이때 늦서리와 꽃샘추위에 새싹이 얼어 죽기도 하므로 서리를 피할 수 있는 곳에 둔다.
③ 밴 곳을 솎아 준다. 나리는 비늘줄기가 만들어져 조금만 커져도 솎아 내기 어려우므로, 어렸을 때 밴 곳을 솎아 내야 나중에 일하기 편하다. 4월 하순~5월 초순에 꽃밭에 아주심기(정식)할 수 있다.
④ 겨울에 뿌리지 않고 봄(3월 초순)에 뿌리면 2주(15일) 전후로 싹이 튼다.

	1월	2월	3월	4월	5월	6월	7월	8월	9월	10월	11월	12월
어미포기	▢	▢	⚘	⚘		✿	✿		∴	∴	⌇	▢
씨	▢	▢	⚘								⌇	▢
거름			●	●					●			
늘리기									⬜	⬜		
두는 곳						◣	◣					

참나리

Lilium lancifolium Thunb.

과명 백합과 | **약이름, 다른 이름** 백합(百合), 권단(卷丹), 호피백합(虎皮百合), 당개나리, 개나리 | **생육상** 여러해살이풀 | **사는 곳** 햇빛이 잘 드는 산과 들에서 자란다. | **높이** 100~200cm | **꽃 피는 시기** 7~8월

 꽃밭

심기
추위와 더위에 강하고 그늘에서도 잘 견딘다. 동남향이 트이고 햇빛이 잘 드는 비탈에 심으면 잘 자란다. 한번 심으면 옮겨 심을 일이 거의 없을 만큼 게으르게 가꿀 수 있는 식물이므로, 심기 전에 땅을 40cm 정도 깊이로 갈고 완숙퇴비와 소석회를 잘 섞은 다음 비늘줄기를 심는다.

거름주기
봄에 잎을 펼치기 시작할 때부터 꽃봉오리가 생길 때까지 매달 완숙퇴비를 흩뿌려 준다.

늘리기
우리가 기르는 일반적인 참나리는 열매가 달리는 일이 없으므로 꽃이 지면 곧 줄기가 누렇게 물들면서 시든다.

구슬눈으로 늘리기
① 꽃봉오리가 커질 무렵부터 잎겨드랑이에 달린 구슬눈이 땅바닥에 떨어지기 시작하므로 모아 밭에 뿌려 주거나 화분의 흙에

올려놓는다._그림 ①
② 뿌리가 생기면 구슬눈은 저절로 흙 속으로 들어가므로 깊게 묻거나 흙으로 덮지 않는다.
③ 5~7일 전후로 뿌리가 생겨나기 시작한다._그림 ②
④ 뿌리를 2~4개 내리고 흙 속에 들어가 겨울을 나거나 밖에서 난다._그림 ③

비늘줄기꽂이
비늘줄기를 꽂아 준다. 방법은 다른 나리와 같다.

줄기꽂이
5월 중순에 줄기를 3~4마디 잘라 꽂이상자에 꽂아 준다. 꺾꽂이하는 방법과 같다.

> **TIP** 열매가 달리는 참나리의 씨는 봄에 뿌리면 15일 전후로 싹이 터서 자란다. 기르는 방법은 다른 나리와 같다.

① 구슬눈을 흙 위에 올려놓듯 심는다.

② 뿌리가 생겨난다.

③ 흙 속으로 들어가 겨울을 난다.

	1월	2월	3월	4월	5월	6월	7월	8월	9월	10월	11월	12월
어미포기	◻	◻	◿	◿			❀	❀	🍂	◻	◻	◻
씨	◯	◯	🌱	🌱					🍂	◻	◻	◻
거름			●	●	●							
늘리기									🪴	🪴		

섬백리향

Thymus quinquecostatus var. *japonica* Hara

과명 꿀풀과 | **약이름, 다른 이름** 대화백리향(大花百里香), 울릉백리향 | **생육상** 잎이 지는 떨기나무(낙엽 반관목). 그러나 겨울에 잎이 제법 남아 있다. | **사는 곳** 울릉도 성인봉과 바닷가 바위틈에서 자란다. | **높이** 20cm 안팎 | **꽃 피는 시기** 6~7월

심기
베란다에서 기를 때는 백리향 특유의 강인해 보이는 메마른 줄기와 붉은 자줏빛으로 물든 잎 대신 부드러운 줄기와 초록색 잎이 달린 가지가 사방으로 벋어 나가므로 타임(허브의 한 종류. 섬백리향도 타임과 같은 속 식물이다.) 대신 관상용이나 요리재료 등으로 쓸 수 있다. 물이 잘 빠지도록 분 바닥에 콩알 크기의 마사토를 깔고 혼합토나 부엽토에 마사토를 조금 섞어 심는다. 뿌리벋음도 좋고 가지도 사방으로 벋으며 아래로 늘어지므로 분은 깊은 것이 좋다.

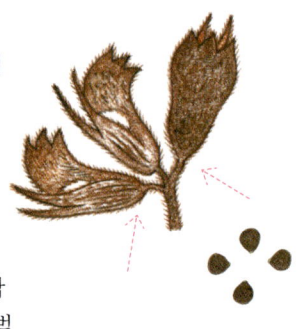

① 열매이삭이 갈색으로 물들면 잘라 내어 비벼서 씨를 턴다.

햇빛
가능하면 햇빛을 많이 볼 수 있는 자리에 둔다.

물주기
봄~가을에 자라는 상태를 보아 거의 매일 준다. 겨울에는 겉흙이 마르기 시작하면 준다.

 꽃밭

심기
줄기가 바닥으로 눕고 가지가 사방으로 벋어 나가므로 꽃밭의 맨 앞쪽에 심거나 바위틈에 심는다. 수키와를 여러 겹 쌓고 흙을 채운 다음 심어 기왓장 아래로 줄기와 가지가 늘어지게 해도 보기 좋다.

거름주기
너무 척박한 곳에 뿌리를 내려 특별히 잘 자라지 않는 경우를 제외하고는 거름을 주지 않아도 된다.

② 씨에서 싹이 튼 모습. 가지가 아직 생겨나지 않았을 때 옮겨 심는다.

③ 줄기마디, 잎겨드랑이 등 곳곳에서 눈이 생겨나고 가지는 땅에 닿으면 곧 뿌리를 내린다.

늘리기

씨뿌리기

① 꽃이 진 다음 열매이삭이 갈색으로 물들면 잘라 내어 비벼서 씨를 털어 내듯 뿌려 준다. 씨는 갈색이고 열매 하나에 4개씩 들어 있는데 대개 2개가 제대로 여물어 있다. 씨를 뿌린 다음 매일 물을 흠뻑 준다. 그림①

② 복토는 하지 않는 것이 좋다. 7~10일이면 싹이 튼다. 가지가 생겨나지 않은 상태의 새싹을 옮겨 심는다. 그림②

꺾꽂이

줄기마디, 잎겨드랑이 등 곳곳에 눈이 생기고 가지는 땅에 닿자마자 곧 뿌리를 내린다. 그림③ 묵은 가지와 어린 햇순, 줄기마디 등을 꽂아 준다. 4월 중순~장마철, 그리고 가을에 하는 것이 좋다. 곧 뿌리가 내리고 새 가지가 사방으로 벋어 나간다. 줄기나 햇순을 3~10cm, 또는 필요에 따라 더 길게 잘라 꽃밭에 직접 꽂아 주어도 된다. 건조에 약하므로 자른 즉시 꽂고 물을 흠뻑 준다.

	1월	2월	3월	4월	5월	6월	7월	8월	9월	10월	11월	12월
어미포기	▭	▭	❀	❀		✿	✿	∴	∴			▭
씨								▭	⚘			▭
거름				●	●				●			
늘리기			▯	▯	▯	▯	▯	▯	▯			
두는 곳						◣	◣					

타래난초

Spiranthes sinensis (Pers.) Ames

과명 난초과 | **약이름, 다른 이름** 수초(綬草), 반룡삼(盤龍蔘), 토양삼(土洋蔘), 타래난 | **생육상** 여러해살이풀 | **사는 곳** 햇빛이 잘 드는 무덤가 잔디밭, 밭 가장자리, 논둑 등에서 자란다. | **높이** 10~40cm | **꽃 피는 시기** 6~7월

심기
두 촉을 심을 때는 입지름 12cm, 깊이 15cm 정도의 분이 적당하다. 분 바닥에 콩알 크기의 마사토를 깔고 부엽토나 혼합토에 마사토를 섞어 심는다. 꽃이 지면 바로 꽃줄기를 잘라 내어 식물체의 에너지 소모를 줄여 준다.

햇빛
꽃이 피기 전에는 햇빛을 많이 보여 주고, 꽃이 피면 아침 햇빛이 2~3시간 들어오는 밝은 그늘에 두었다가 꽃이 지면 다시 햇빛의 양을 늘려 준다.

물주기
겉흙이 마르기 시작하면 준다.

① 열매가 빨리 익으며 씨는 먼지처럼 미세하다.

거름주기

봄, 가을에 물거름을 묽게 희석해서 매주 한 번씩 준다.

꽃밭

심기

햇빛이 잘 들고 모래가 조금 섞인 자리에 심는다. 잔디(토종)를 미리 심어 두었다가 잔디가 완전하게 자리를 잡으면 타래난초를 여러 포기 모아 심어도 좋다. 타래난초가 자리를 잡고 포기를 늘려 가는 2년 정도는 잔디가 너무 무성해지지 않도록 관리를 해주는 것이 좋다.

② 꽃이 피기 전의 타래난초

③ 뿌리목에서 어린포기가 생겨난다.

늘리기

씨뿌리기

① 타래난초는 열매가 빨리 익는다. 꽃줄기 끝에서 꽃이 피는데, 맨 처음 핀 꽃은 열매가 익어서 씨를 날리는 경우가 많다. 씨를 받아 씨뿌림상자에 뿌리거나 타래난초 곁에 뿌려 준다. _그림 ①

② 타래난초는 다른 난초과 식물들과는 달리 싹이 아주 잘 튼다. 이듬해 4월이면 바람에 날아간 씨가 여기저기에서 싹을 틔우는 것을 볼 수 있다. 새싹은 추위가 올 때까지 계속 조금씩 자란다. _그림 ②

③ 2년차에 꽃이 핀다.

포기나누기

7월에 1년 동안 자라 어미포기가 된 타래난초의 뿌리목에서 새 포기가 1~2개(보통 2개) 생겨나 자란다._그림 ③ 가을이나 봄에 떼어 내 옮겨 심는다. 어린 새 포기에 뿌리가 2~3개 나와 있으면 떼어 낸다. 새 뿌리는 희고 뿌리 끝에서 생장점이 자라고 있으며, 묵은 뿌리는 누런 갈색이다. 새 뿌리의 끝부분이 다치거나 떨어져 나가지 않도록 포기를 조심스럽게 나눈다._그림 ④

④ 포기를 나누거나 뿌리를 손질할 때 새 뿌리의 끝부분이 다치지 않도록 조심한다.

	1월	2월	3월	4월	5월	6월	7월	8월	9월	10월	11월	12월
어미포기	◡	◡	✿	✿		✿	✿ ••	••				◡
씨	•••	•••	✿	✿								•••
거름				•	•				•	•		
늘리기			⌂	⌂					⌂			
두는 곳						◣	◣	◣				

범부채

Belamcanda chinensis (L.) DC.

| **과명** 붓꽃과 | **약이름, 다른 이름** 사간(射干), 금호접(金蝴蝶), 냉수화(冷水花) | **생육상** 여러해살이풀 | **사는 곳** 산꼭대기의 바위틈 등에서 자란다. | **높이** 50~100cm | **꽃 피는 시기** 6~8월

심기
햇빛이 잘 들고 물이 잘 빠지는 곳에 심는다. 햇빛만 잘 들면 흙은 가리지 않는다.

거름주기
크고 풍성하게 기르고 싶다면 심기 전에 흙에 완숙퇴비를 섞어 놓는다. 심을 때 밑거름으로 완숙퇴비를 넣어 준 것은 봄, 가을에 한 번씩 덧거름을 가볍게 주고 밑거름을 넣지 않은 것은 덧거름을 넉넉하게 준다.

늘리기
씨뿌리기
① 9~10월에 씨가 까맣게 익으면 받는다. _그림 ②
② 씨는 받은 즉시 뿌리거나 이듬해 봄에 뿌린다. 한 달 전후로 싹이 튼다. 새싹은 비슷한 시기에 한꺼번에 올라온다. 까다로운 식물이 아니므로 뿌리목에 씨껍질이 붙어 있는 어린 싹일 때부터 옮겨 심을 수 있다. _그림 ①
③ 잘 부숙된, 유기물이 풍부한 흙에 씨를 뿌리고 햇빛과 물을 넉

① 씨에서 싹이 튼 모습

넉하게 공급하면 당년에 돋아난 싹이 자라 여름에 꽃을 피운다.

포기나누기

뿌리목에서 새싹이 생겨나 겨울을 난다. 이것을 봄이나 가을에 2~4포기 단위로 나누어 심는다. 심을 때는 뿌리를 짧게 자르고, 뿌리줄기를 옆으로 눕히듯 비스듬하게 놓고 흙을 얇게 덮어 준다. 잎이 넓게 퍼져 나가므로 심을 때 포기 사이는 30cm 정도 띄워 준다._그림 ③

② 씨는 윤이 나며 검은 색으로 익는다.

③ 뿌리목에 생겨난 포기를 나누어 심는다.

	1월	2월	3월	4월	5월	6월	7월	8월	9월	10월	11월	12월
어미포기	▢	▢	🌱	🌱		✿	✿	✿	∴	∴	◞	▢
씨	•••	•••	🌱	🌱				✿		∴	◞	▢
거름				•	•				•			
늘리기				🪴	🪴					🪴	🪴	

패랭이꽃

Dianthus chinensis L. var. *chinensis*

| **과명** 석죽과 | **약이름, 다른 이름** 석죽(石竹), 구맥(瞿麥), 패랭이 | **생육상** 여러해살이풀 | **사는 곳** 햇빛이 잘 들고 메마른 풀밭에서 자란다. | **높이** 30cm 안팎 | **꽃 피는 시기** 6~7월

  꽃 밭

심기
흙을 가리지 않지만 습기가 많은 흙보다는 메마른 흙을 더 좋아한다. 꽃이 핀 줄기를 밑부분에서 일정한 높이로 한 번 잘라 주면 다시 새 줄기가 나오고 꽃이 핀다.

거름주기
풍성하게 기르고 싶으면 봄, 가을에 덧거름으로 완숙 퇴비를 한 번 흩뿌려 준다.

늘리기
씨뿌리기
① 가을에 씨를 받아 뿌린다. _그림① 2주 전후로 싹이 튼다. 싹이 잘 트므로 씨는 듬성듬성 뿌린다. 9월 말까지 본잎이 나와 자라고 이 상태로 겨울을 난다.
② 가을에 갈무리해 둔 씨를 이듬해 봄에 뿌리면 가을에 꽃을 볼 수도 있다.
③ 씨를 뿌려 기른 포기는 첫해에는 가냘프지만

① 씨는 까맣게 익는다.

2~3년 지나면 포기도 커지고 꽃달림도 좋다.
④ 새싹이 났을 때 잔뿌리가 왕성하게 자라는 것들을 옮겨 심는다. 뿌리가 약한 것은 어미포기가 되어도 실하게 자라기 어렵다.
⑤ 씨를 뿌려 기른 포기에서는 꽃이 짙은 자홍색에서 연분홍, 흰색까지 아주 다양하게 핀다.

포기나누기
어미포기 곁에 생겨난 새끼포기를 봄, 가을에 나누어 심는다. _그림 ②

꺾꽂이
4월 중순~7월 초순에 햇순을 7~10cm로 자르거나 줄기를 2~3마디 잘라 마사토에 꽂아 주면 2주 전후로 꽃줄기가 올라오고 뿌리가 내린다.

> **TIP** 패랭이꽃을 분에 심을 때는 왕성하게 자란 뿌리를 적당한 길이로 잘라 낸다. _그림 ③ 뿌리가 워낙 잘 자라 1년에 두 번씩 분갈이를 해주어야 할 때도 있다. 화분의 흙이 물을 빨아들이지 못하고 포기가 시들면 분 속에 뿌리가 꽉 찬 상태이므로 곧 분갈이를 해준다.

② 어미포기 곁에 생겨난 새끼포기를 나누어 심는다.

③ 왕성하게 자란 뿌리는 적당한 길이로 자르고 심는다.

	1월	2월	3월	4월	5월	6월	7월	8월	9월	10월	11월	12월
어미포기	▢	▢	✿	✿		❀	❀	⋯	⋯		◊	▢
씨								⋯	⊥		◊	▢
거름				●	●				●			
늘리기				⌴	⌴				⌴	⌴		

제비동자꽃

Lychnis wilfordii (Regel) Maxim.

과명 석죽과 | **약이름, 다른 이름** 화씨전추라(華氏翦秋羅), 사판전추라(絲瓣翦秋羅) | **생육상** 여러해살이풀 | **사는 곳** 대관령 이북의 숲 가장자리 습기 많은 풀밭에서 자란다. | **높이** 50~80cm | **꽃 피는 시기** 7~8월

심기

비가림, 해가림 시설을 해놓은 온실에서 기르면 장마철에도 깨끗한 꽃을 볼 수 있으므로 베란다에서 기르기에 적당하다. 단 아침 햇빛을 2시간 이상 볼 수 있는 밝은 그늘에서 기른다. 분 바닥에 콩알 크기의 마사토를 깔고, 혼합토나 부엽토에 마사토를 섞어 심는다.

① 씨는 갈색으로 익는다.

물주기

겉흙이 마르면 곧 준다. 백두산 산림대(1,000~1,700m)의 숲 가장 자리 물길을 따라 10~20km에 이르는 길에 제비동자꽃이 만발하여 있고, 대관령 이북에서는 실개천이 흐르는 숲 가장자리의 수풀 속에서 여러 포기가 무리지어 자라는 것을 볼 수 있다. 물을 좋아하므로 흠뻑 주되 너무 자주 주어 분 속이 과습해지지 않도록 한다. 꽃이 피면 꽃잎에 물이 튀지 않도록 포기 아래쪽으로 물을 준다.

거름주기

봄, 가을에 덩이거름이나 고형비료를 덧거름으로 얹어 주고 물거름을 묽게 희석하여 매주 한 번 정도 준다.

심기

아침 햇빛이 잘 들고 물빠짐이 좋으며 유기질이 풍부한 흙에 심는다. 꽃의 생김새가 독특하고 꽃빛이 선명하고 강렬하므로 고본, 어수리, 흰꽃장구채, 흰양귀비 등 소박한 느낌이 드는 흰꽃과 섞어 심으면 잘 어울린다.

늘리기

씨뿌리기

① 가을에 익은 씨를 받은 즉시 꽃밭에 뿌리거나 이듬해 3월 중순에 씨뿌림상자에 뿌린다. 2주 전후로 싹이 트는데 아주 잘 튼다. 나방의 애벌레가 열매와 씨를 잘 먹으므로 열매가 익는 동안 잘 살펴 씨를 받는다. 씨는 갈색으로 익는다. 그림①

② 8월 초순부터 풍성하게 자란 포기에서 핀 화려한 꽃을 볼 수 있다.

포기나누기

6월에 어미포기 곁(뿌리목)에서 눈이 생겨나 파릇한 새싹으로 겨울을 난다. 이것을 봄, 가을에 나누어 심는데 겨울에는 얼어 죽기도 하므로, 새싹이 어느 정도 자란 봄에 포기를 나누어 옮겨 심는 것이 더 안전하다. _그림 ②, ③_

꺾꽂이

잘 자란 햇순을 잘라 꽂아 주거나 줄기를 2~3마디 잘라 꽂아 주면 곧 뿌리를 내리고, 가을에 낮은 키에서 피는 꽃도 볼 수 있다.

② 어미포기 곁에서 눈이 생겨나 파릇한 새싹으로 겨울을 난다.

③ 새싹이 어느 정도 자란 봄에 포기를 나누어 준다.

	1월	2월	3월	4월	5월	6월	7월	8월	9월	10월	11월	12월
어미포기	🪴	🪴	싹	싹			꽃	꽃	•••	•••	잎	🪴
씨	•••	•••	싹	싹				꽃	꽃•••	•••	잎	🪴
거름				●	●				●			
늘리기			🪴	🪴	🪴					🪴	🪴	
두는 곳						◣	◣	◣				

이질풀

Geranium thunbergii Siebold & Zucc.

과명 쥐손이풀과 | **약이름, 다른 이름** 현초(玄草), 통씨니박이노관초(通氏尼泊爾老鸛草), 쥐손이풀, 개발초 | **생육상** 여러해살이풀 | **사는 곳** 산기슭의 습기 많은 풀숲, 길가 빈터, 논둑 등에서 잘 자란다. | **높이** 20~50cm | **꽃 피는 시기** 7~9월

심기

잡초를 구제하기 어려운 자리나 묵혀 둔 땅에 심는다. 지나치리만큼 번식력이 좋지만 꽃과 단풍이 아름다우며, 식물체는 약재로 사용하므로 잘 활용해 볼 만하다. 햇빛이 잘 들고 습기가 있는 곳을 좋아하지만 흙은 가리지 않으므로 마사토가 많은 언덕에 심어 두면 장마에 흙이 쓸려내려 가는 것을 어느 정도 막을 수 있다. 싹이 터서 자리를 잡으면 주변에 다른 풀들이 자리를 잡을 수 없을 만큼 세력을 넓혀 나간다.

늘리기

씨뿌리기

① 열매가 검은 갈색이나 검은색으로 익으면 잘라 내어 눈이 촘촘한 그물주머니에 넣고 그늘에 둔다. 열매는 그물

① 열매가 검은 갈색이나 검은색으로 익으면 잘라 낸다.

주머니 속에서 저절로 터져 씨와 열매껍질이 분리된다. 그림 ①
② 씨는 바로 뿌리거나 이듬해 봄에 뿌린다. 싹 튼 포기는 본잎이 2~3장 나오면 아주심기하거나 작은 비닐분에 잠깐심기한 다음 그대로 밖에서 겨울을 나게 한다. 그림 ②
③ 밖에서 겨울을 난 비닐분을 털어 필요한 곳에 심는다. 빼곡히 자라 땅을 완전히 덮게 하려면 포기 사이를 20cm 정도 띄워 심는다.
④ 풍성하게 기르려면 덧거름을 한 번 준다. 장마철 전후로 기는줄기가 나와 주변의 흙을 모두 덮어 버린다.

포기나누기
봄, 가을에 묵은 포기를 나누어 심거나 기는줄기에서 생겨난 새로운 포기를 나누어 심는다.

② 씨에서 싹이 튼 모습. 본잎이 2~3장 나오면 옮겨 심는다.

	1월	2월	3월	4월	5월	6월	7월	8월	9월	10월	11월	12월
어미포기	▢	▢	❀	❀			✿	✿∴	✿∴	∴	🍃	▢
씨	⋯	⋯	🌱	🌱			✿	✿∴	✿∴	∴	🍃	▢
거름				●	●				●	●		
늘리기			🪴	🪴	🪴				🪴	🪴		

무릇

Scilla scilloides (Lindl.) Druce

과명 백합과 | **약이름, 다른 이름** 야자고(野茨菰), 물구, 물구지, 물굿 | **생육상** 여러해살이풀 | **사는 곳** 햇빛이 잘 드는 산기슭이나 들녘의 풀밭 등에서 무리지어 자란다. | **높이** 20~50cm | **꽃 피는 시기** 8~9월

심기
입지름 12~15cm의 분을 골라 분 바닥에 콩알 크기의 마사토를 깔고 부엽토나 혼합토에 마사토를 섞어 심는다. 알줄기는 5~7개 정도 심어 주면 적당하다.

햇빛
아침 햇빛이 잘 드는 자리에 둔다.

물주기
물은 흙의 1/3 정도가 보송보송하게 마른 듯할 때 준다. 흙에 물이 많으면 알줄기가 잘 썩는다.

거름주기
겉흙 위에 덧거름으로 덩이거름이나 고형비료를 얹어 주고 봄, 가을에 물거름을 묽게 희석해서 매주 한 번씩 준다.

① 꽃이 피고 한 달 정도 지나면 열매가 익는다. 씨는 검은 회색이다.

 꽃밭

심기

햇빛이 잘 들고 물빠짐이 좋으며 약간 메마른 듯한 곳에 알줄기 1~2개를 심는다. 무릇은 습기에 약하므로 물이 잘 빠지는 곳에 심어야 한다. 2년 정도 기르면 한여름(중부 지방)이나 초가을(남부 지방)에 꽃을 볼 수 있다. 무더위가 한창인 더운 여름날 아침 이슬방울이 영롱하게 맺힌 분홍색 꽃이삭이 풋풋하고 깔끔한 느낌을 준다.

② 첫해에는 잎이 한 장 나와 자란다.

거름주기

주지 않아도 잘 자란다.

봄:새싹

여름:새끼알줄기가 생겨난다.

가을:꽃이 핀다.

알줄기의 1년

늘리기

씨뿌리기

① 꽃이 피고 한 달 정도 지나면 열매가 익기 시작한다. 꽃이 먼저 핀 아랫부분에서는 꽃이 핀 차례대로 열매가 익어가고 줄기 가운데쯤에서는 익은 것과 안 익은 것이 섞이며 줄기 윗부분에는 꽃이 피어 있을 정도로 열매가 빨리 익는다. _그림 ①

② 열매이삭을 햇빛에 비춰 보면 까맣게 익은 씨가 비친다. 줄기째 잘라 그늘에 두면 1~2일 사이에 녹색이었던 껍질도 모두 벌어진다.

③ 가을이나 봄에 씨를 뿌린다. 첫해에는 잎이 한 장 나와 자라고 2~3년 기르면 꽃이 핀다. _그림 ②

알줄기나누기

어미알줄기 곁에 생겨난 새끼알줄기를 나누어 옮겨 심는다. 봄에 잎이 나와 자라다가 여름에 잠을 자는데 이때 알줄기를 캐서 옮겨 심거나 꽃이 지고 난 늦가을에 옮겨 심는다. 여름~초가을에 다시 잎이 나오고 꽃이 핀다.

	1월	2월	3월	4월	5월	6월	7월	8월	9월	10월	11월	12월
어미포기	◨	◨	🌱	🌱			◨	✿	✿	⋮	🍃	◨
씨	•••	•••	🌱	🌱			◨	🌱			🍃	◨
거듭			•	•	•				•			
늘리기			🪴	🪴			🪴			🪴		

더덕

Codonopsis lanceolata (Siebold & Zucc.) Trautv.

과명 초롱꽃과 | **약이름, 다른 이름** 양유(羊乳), 구두삼(狗頭蔘), 사삼(沙蔘) | **생육상** 여러해살이풀 | **사는 곳** 산속의 나무 그늘 아래서 자라며 농가에서 재배하기도 한다. | **높이** 2m 안팎 | **꽃 피는 시기** 7~8월

심기

공중습도가 높은 그늘에서 자랄 때 잎에 응애가 생기지 않으므로, 잎이 지는 나무 아래에 심고 덩굴이 나무줄기를 감고 오를 수 있도록 해준다.
뜰에 작은 밭을 만들려면 가을에 미리 흙과 완숙퇴비를 섞어 놓고 굵은 돌이 있으면 골라낸다. 부드럽고 비옥한 흙에서 자라면 잔뿌리가 거의 없지만 돌이 많고 메마른 흙에서 자라면 잔뿌리가 많아 수확하여 손질할 때 성가시므로 심기 전에 흙을 기름지게 만들어 놓는다.
덩굴은 1년에 2m 안팎으로 자라므로 본잎이 3~4장 나왔을 때 미리 1~1.5m의 지주를 세워 덩굴이 지주를 감고 올라가게 한다. 덩굴이 높이 자라면 줄기 아랫부분에 햇빛이 잘 들고 바람도 잘 통하여 뿌리와 아랫부분의 잎이 튼실해진다.

① 열매의 이음선이 열리면 씨를 털어 낸다.

물주기

더덕은 수분 스트레스가 심하다. 두둑을 만들어 심었을 때는 흙이 지나치게 메마르지 않도록 한다. 수분이 제대로 공급되지 않으면 잎이 빨리 지게 되고, 잎이 지면 광합성을 할 수 없어 열매를 맺기가 어렵고 좋은 뿌리도 얻을 수 없다.

거름주기

어린포기의 줄기가 자라면서 지주를 감기 시작하면 덧거름으로 완숙퇴비를 흩뿌려 주고, 이듬해 봄부터 거름의 양을 조금씩 늘려 간다.

늘리기

씨뿌리기

① 씨가 익어 쏟아지기 전에 받으려면 열매가 밝은 갈색으로 물들었을 때 따서 그늘에 말린 다음 열매의 껍질이 벌어지면 씨를 털어 낸다. _그림 ①
② 추위가 풀리는 이른 봄에 밭두둑을 10cm 이상 높여 씨를 뿌리거나 씨뿌림상자에 뿌렸다가 밭에 옮겨 심는다. _그림 ②

> TIP 한곳에서 계속 이어짓기(연작)를 하면 연작피해가 생긴다. 다른 자리로 옮겨 주거나 종이 다른 식물들과 섞어 심거나 1년 동안 다른 식물(도라지과 식물 제외)을 심어 기르다가 다시 기른다.

② 씨에서 싹이 튼 모습. 4월에 싹이 터서 자란 어린더덕의 8월 중순 모습이다.

	1월	2월	3월	4월	5월	6월	7월	8월	9월	10월	11월	12월
어미포기	▢	▢	⌒	⌒			✿	✿		∴	∴	▢
씨	▭	▭	⚘	⚘						⌒	▢	▢
거름			●	●					●			
늘리기								⌣	⌣			
두는 곳				◣	◣	◣	◣	◣				

금강아지풀

Setaria glauca (L.) P. Beauv

과명 벼과 | **약이름, 다른 이름** 구미초(狗尾草), 유(莠), 녹모유(綠毛莠), 개꼬리풀, 가라지, 개강아지풀 | **생육상** 한해살이풀 | **사는 곳** 햇빛이 잘 드는 길가, 풀밭, 빈터 등 뿌리를 내릴 수 있는 곳이면 어디에서나 자란다. | **높이** 20~70cm | **꽃 피는 시기** 7~9월

심기
밖에 나가면 흔히 볼 수 있는 풀이지만 분에 심어 기르면 독특한 매력이 있다. 분 바닥에 콩알 크기의 마사토를 깔고 부엽토나 혼합토에 마사토를 섞어 심는다. 금강아지풀 속에 꽃향유, 용담, 쑥부쟁이 등 가을에 꽃이 피는 식물들을 한두 포기쯤 넣어도 잘 어울린다. 흙이 마르지 않도록 물만 주어도 잘 자란다. 가을의 정취를 연출하기에 좋다.

햇빛
종일 햇빛이 드는 자리에 두면 좋다.

물주기
겉흙이 마르면 준다. 물을 조금씩 주면 키가 조금 덜 자라게 할 수 있다.

거름주기
가능하면 거름은 주지 않는다. 잘 자라지 못할 때에만 물거름을 묽게 희석하여 주되 상태를 보아 가며 조절해 준다.

늘리기
씨뿌리기
① 10~11월에 열매이삭이 달린 줄기를 잘라 그늘에서 말린다. 열매이삭은 장식용으로 그대로 겨울을 나게 하여도 좋다. 예전에는 흉년이 들면 강아지풀의 씨도 구황 식물로 먹었다고 한다.
② 봄에 화분에 직접 씨를 뿌린다. 싹이 아주 잘 트므로 밴 곳을 솎아 주다가 나중에는 기를 포기만 남겨 둔다.

② 밴 곳을 솎아 준다.

① 10~11월에 씨를 받는다.

	1월	2월	3월	4월	5월	6월	7월	8월	9월	10월	11월	12월
씨	•••	•••	🌱				✿	✿	✿	•••	🍃	
거듬				•	•				•			
늘리기				🪴	🪴							

비비추

Hosta longipes (Franch. & Sav.) Matsum.

과명 백합과 | **약이름, 다른 이름** 장병옥잠(長柄玉簪) | **생육상** 여러해살이풀 | **사는 곳** 여름철에 밝은 그늘이 생기는 산골짜기나 냇가 등에서 자란다. | **높이** 30~40cm | **꽃 피는 시기** 6~7월

심기
물이 잘 빠지는 곳이면 흙을 가리지 않고 잘 자라며, 추위에 강하고 그늘진 곳에서도 잘 견딘다. 비비추는 대단히 강한 성질을 가지고 있지만 완전히 발효된 퇴비를 쓰지 않으면 백견병에 걸리기도 한다. 원예종으로 개량된 수많은 비비추류가 있다. 무늬가 들어 있는 원예종은 여름철에 잎끝이 타는 것을 막기 위해 밝은 그늘 아래 심거나 해가림을 해 준다.

거름주기
거름을 좋아하므로 봄, 가을에 완숙퇴비를 넉넉하게 흩뿌려 준다.

늘리기
씨뿌리기
① 10월 초순~중순이면 열매가 익어 저절로 벌어지기 시작한다.

① 잘 익은 씨는 전체가 검고, 마르면서 생긴 주름이 뚜렷하다.

씨는 잘 여문 것과 쭉정이가 섞여 있는데, 잘 익은 씨는 전체가 새카맣고 잘 말라서 생긴 주름이 잡혀 있다. _그림 ①_
② 씨는 받은 즉시 뿌리거나 차고 어두운 곳에 보관해 두었다가 이듬해 봄에 뿌린다. 씨를 뿌린 다음 겉흙을 덮지 않고 바람이 직접 닿지 않는 밝은 그늘 아래 두면 4주 전후로 싹이 튼다.
③ 본잎이 나와 자라기 시작하면 옮겨 심는다. _그림 ②_

포기나누기

3년 이상 기른 포기는 눈이 움직이기 시작하는 이른 봄이나 가을에 포기를 나누어 준다. 거친 뿌리를 반으로 잘라 준 다음 눈을 3~5개씩 붙여 나누어 심는다. 포기 사이는 30cm 정도가 적당하다.

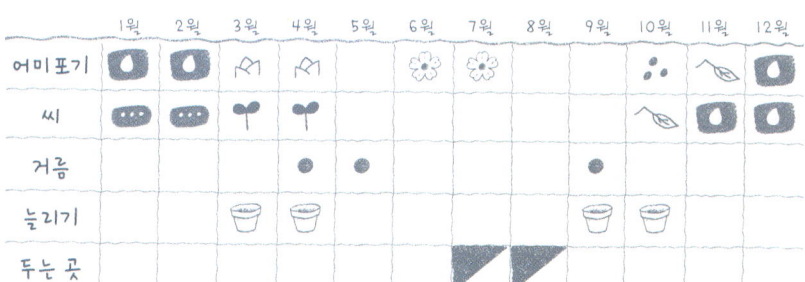

② 본잎이 나와 자라기 시작하면 옮겨 심는다.

등심붓꽃

Sisyrinchium angustifolium Mill.

| **과명** 붓꽃과 | **약이름, 다른 이름** 협엽람안초(狹葉藍眼草) | **생육상** 여러해살이풀 | **사는 곳** 북아메리카 원산의 귀화식물로 주로 제주도의 햇빛이 잘 드는 풀밭에서 자란다. | **높이** 10~20cm | **꽃 피는 시기** 6~7월

심기
햇빛이 잘 들고 물빠짐이 좋은 모래참흙에서 잘 자라지만 특별히 흙을 가리지는 않는다. 몸집이 작고 포기가 잘 늘어나므로 돌 틈 사이에 심으면 귀엽다. 자라는 힘이 좋으므로 작은 분에 심어 햇빛이 잘 드는 자리에 두어도 좋다.

거름주기
풍성하게 기르려면 봄, 가을에 덧거름으로 완숙퇴비를 주는데, 심은 흙에 유기물이 많으면 굳이 거름을 주지 않아도 잘 자란다.

늘리기
씨뿌리기
① 8월 중순~9월 하순에 열매가 익는다. 줄기째 잘라 그늘에서 말리면 열매껍질이 벌어지면서 씨가 쏟아진다. _그림_
② 씨는 받은 즉시 뿌리거나 이른 봄에 뿌린다. 봄에 싹이 튼 포기는 그해 여름에 꽃을 볼 수 있다.

포기나누기

이른 봄 묵은 포기를 캐서 나누어 심는다. 1년이면 포기가 아주 풍성해지므로 해마다 포기를 나누어 준다. 포기는 가위로 가위집을 넣거나 손으로 비틀면 쉽게 나누어진다.

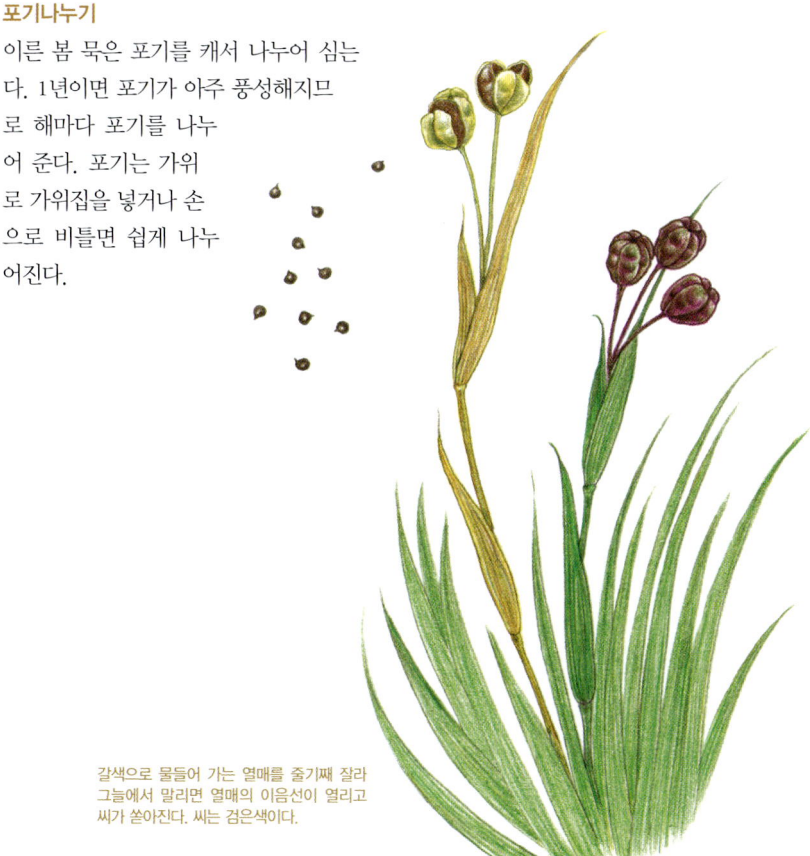

갈색으로 물들어 가는 열매를 줄기째 잘라 그늘에서 말리면 열매의 이음선이 열리고 씨가 쏟아진다. 씨는 검은색이다.

	1월	2월	3월	4월	5월	6월	7월	8월	9월	10월	11월	12월
어미포기						✿	✿	✿··	··	··		
씨	···	···				✿	✿		··	··		
거름				●	●				●	●		
늘리기			⌴	⌴					⌴	⌴		

닭의장풀

Commelina communis L.

| **과명** 닭의장풀과 | **약이름, 다른 이름** 압척초(鴨跖草), 달개비, 닭의꼬꼬, 닭개비
| **생육상** 한해살이풀 | **사는 곳** 산과 들의 풀숲, 집 근처 등 뿌리를 내릴 수 있는 곳이면 어디에서나 자란다. | **높이** 15~50cm | **꽃 피는 시기** 6~8월

심기
별 어려움 없이 기를 수 있는 식물로, 분에 심으면 길에서 보는 흔한 풀의 모습 대신 우아한 자태를 선보인다. 접시처럼 얕은 분 바닥에 콩알 크기의 마사토를 얇게 한 겹 깐 다음 거친 부엽토가 섞인 흙이나 부엽토, 물이끼 등을 둥글게 쌓아 올리고 작은 닭의장풀 한두 포기를 심는다. 흙이 마르지 않도록 물을 주면 줄기가 흙거죽을 감으면서 자라 올라 꽃을 피운다. 줄기에서 돋아나는 하얗고 싱싱한 새 뿌리와 푸른 꽃을 여름 내내 감상할 수 있다. 분에 일반적인 방법으로 심을 때는 다른 야생화 심는 방법과 같다.

햇빛
아침 햇빛이 잘 드는 자리에 둔다.

물주기
얕은 분에 심은 포기는 흙이 마르지 않게 물을 준

① 씨는 갈색으로 익는다.

다. 일반적인 방법으로 분에 심은 것은 겉흙이 마르면 물을 준다.

거름주기
풍성하게 기르고 싶으면 물거름을 묽게 희석해서 매주 한 번씩 준다.

늘리기
씨뿌리기
① 9~10월에 열매가 익는다. 열매를 감싸고 있는 꽃싸개잎이 누런 갈색으로 물들어 가는 것을 살펴보면 꽃싸개잎 속에 열매가 1~3개씩 들어 있다. 통통하게 여문 열매 속에 잘 익은 씨가 있다. 씨는 갈색으로 익는다. _그림 ①
② 겨울에 꽃밭 한 귀퉁이에 씨를 뿌려 두면 3월 중순~4월 초순에 새싹들이 뾰족뾰족 올라온다. 이때부터 옮겨 심을 수 있다.

꺾꽂이
초여름에 어느 정도 자라 굳어진 줄기를 잘라 흙에 꽂아 주면 뿌리가 내리고 꽃이 핀다. _그림 ②

② 줄기를 잘라 꽂아 주면 뿌리가 내린다.

	1월	2월	3월	4월	5월	6월	7월	8월	9월	10월	11월	12월
씨	•••	•••	🌱	🌱	✿	✿	✿	∴	∴	🍃		
거름				●	●	●						
늘리기			🪴	🪴	🪴	🪴						
두는 곳						◤	◤	◤				

용머리

Dracocephalum argunense Fisch. ex Link

과명 꿀풀과 | **약이름, 다른 이름** 청란(靑蘭), 용두(龍頭) | **생육상** 여러해살이풀 | **사는 곳** 중부 지방의 햇빛이 잘 드는 산과 들의 풀밭에서 자란다. | **높이** 15~40cm | **꽃 피는 시기** 6~8월

 꽃 밭

심기
추위와 더위에 강하고 물기가 많은 흙에서도 잘 견디는 편이므로 햇빛이 잘 드는 자리만 골라 심어 주면 된다. 3년 동안 기른 포기는 줄기가 땅바닥으로 낮고 둥글게 퍼지며 자라고 많은 꽃을 피우므로 뜰이 넓은 집에서는 여러 포기를 심어도 좋다. 꽃이 핀 줄기를 잘라 내면 다시 새로운 줄기가 자라나 꽃이 피므로 여름부터 가을까지 꽃을 볼 수 있다.

거름주기
풍성하게 기르려면 봄, 가을에 덧거름으로 완숙퇴비를 한 번 가볍게 흩뿌려 준다.

늘리기
씨뿌리기
① 8월 초순~중순이면 씨가 익는다. 꽃이 차례를 지어 피지 않아서 열매는 익은 것과 익지 않은 것이 섞여 있다. 씨는 까칠한 털이 있는 꽃받침잎 속에 들어 있으므로 줄기를 가위로 잘라 그늘에서 말린 다음 _그림_ ① 저절로 쏟아지는 씨를 받거나 나무

막대로 살살 털어 낸다. 씨는 보통 4개씩 들어 있으며 검은색으로 익는다._그림 ②

② 씨는 받은 즉시 뿌리면 2주 전후로 새싹이 돋는다. 본잎이 처음 나올 때는 잎이 평평하게 펼쳐지므로 어미포기에서 돋아난 잎 모양과 달라 보이므로, 처음 씨를 뿌리는 사람은 함부로 뽑아내지 말고 본잎이 나올 때까지 기다린다._그림 ③

③ 줄기가 2~3cm로 자라고 본잎이 3~4장 이상 달리면 아주심기한다.

④ 이듬해 여름에 꽃이 핀다. 2년째 되는 해부터 포기가 커지므로 꽃이 지고 난 가을이나 이듬해 봄에 포기 사이를 넓혀서 옮겨 심는다.

포기나누기

가을에 뿌리목에서 내년에 꽃이 필 새 포기가 생겨난 채로 겨울을 난다. 이것을 가을이나 이듬해 봄에 2~3포기로 나누어 심는다. 큰 포기에서 피는 풍성한 꽃을 보려면 포기나누기를 하지 말고 씨를 뿌려 포기를 늘려 간다._그림 ④

꺾꽂이

장마철에 줄기 윗부분을 잘라 꽂아(冠芽揷) 준다.

① 줄기를 가위로 잘라 그늘에서 말린다.

② 씨는 검은색으로 익는다.

④ 뿌리목에서 새 포기가 생겨난다.

③ 처음 나온 본잎은 타원모양으로 펼쳐지고 가장자리의 둥근 톱니가 뚜렷하다.

	1월	2월	3월	4월	5월	6월	7월	8월	9월	10월	11월	12월
어미포기												
씨												
거름												
늘리기												

벌개미취

Aster koraiensis Nakai

과명 국화과 | **약이름, 다른 이름** 조선자원(朝鮮紫苑), 벌개미취 | **생육상** 여러해살이풀 | **사는 곳** 습기가 많은 풀밭이나 개울가에서 자라는데, 지금은 조경용으로 심어져 있어 전국 어디에서나 쉽게 볼 수 있다. | **높이** 50~60cm | **꽃 피는 시기** 7~8월

꽃 밭

심기

햇빛이 잘 드는 곳이면 흙을 가리지 않지만 대체로 습기가 많은 흙을 좋아하고, 뿌리줄기가 사방으로 벋어 새로운 포기를 만들어 내므로 메마른 밭흙에 심으면 여름 한낮에 잎이 처지며 시들거리기도 한다. 여름에는 흙이 마르지 않도록 한다. 이어짓기의 피해가 있으므로 여러 해 동안 한자리에 심지 말고, 3~4년에 한 번씩 자리를 옮겨 주거나 포기를 솎아 내고 사이사이에 새 흙을 넣어 준다.

거름주기

봄, 가을에 덧거름으로 완숙퇴비를 한 번씩 흩뿌려 준다. 잎과 줄기가 크고 풍성해지면 짜임새가 없어 벌개미취 특유의 단정한 모범생 같은 느낌이 살아나지 않으므로 자라는 상태를 보아 가며 거름을 준다.

① 엄지손가락으로 건드리면 씨가 쏟아져 내린다.

늘리기
씨뿌리기

① 9월 중순~10월 초순에 씨가 탁한 갈색으로 익는다. 완전히 익은 씨는 살짝 건드리기만 해도 우수수 쏟아져 내리므로 밝은 갈색으로 물들었을 때 줄기째 잘라 그늘에서 말린 다음 엄지손가락으로 건드리면 씨가 쏟아져 내린다._그림 ①

② 봄이 오면 씨를 하루 동안 불린 다음 밭에 직접 뿌리거나 씨뿌림상자에 뿌리고 본잎이 2~3장 나와 자라면 옮겨 심는다. 벌개미취는 뿌리줄기가 잘 발달하여 한 포기만 심어도 곧 여기저기에 새 포기가 생겨나므로 심기 전에 참고한다.

포기나누기

묵은 포기를 나누어 심거나 땅속줄기에서 생겨난 새 포기를 나누어 심는다._그림 ②

② 땅속줄기에서 생겨난 새 포기를 잘라 심는다.

	1월	2월	3월	4월	5월	6월	7월	8월	9월	10월	11월	12월
어미포기	●	●	⋀	⋀			✿	✿		∴	🍃	●
씨	●	●	⚘	⚘							🍃	●
거름				•	•				•	•		
늘리기			⏅	⏅					⏅	⏅		

활나물

Crotalaria sessiliflora L.

과명 콩과 | **약이름, 다른 이름** 구령초(狗鈴草), 불지갑(佛指甲) | **생육상** 한해살이풀 | **사는 곳** 햇빛이 잘 드는 산과 들의 풀밭에서 자란다. | **높이** 20~70cm | **꽃 피는 시기** 7~9월

 베란다

심기
여러 포기를 모아 심는 것이 보기에 좋고 10cm 정도로 자라도 꽃이 피므로 깊이 10cm 정도인 얕고 넓적한 분을 골라도 무난하다.
분 바닥에 콩알 크기의 마사토를 얕게 깔고 부엽토나 혼합토에 마사토를 섞어 심는다.

햇빛
자생지에서는 밝은 그늘 아래서 자라는 것을 볼 수도 있지만 대체로 햇빛을 좋아한다.

물주기
겉흙이 마르면 바로 준다.

거름주기
봄, 가을에 물거름을 묽게 희석해서 매주 한 번씩 준다. 줄기가 길게 자라는 것보다는 작고 야무지게 자라는 것이 보기에 좋으므로 거름을 조절해 준다.

 꽃밭

심기
햇빛이 잘 들고 물빠짐이 좋은 자리에 씨를 뿌린다. 이리저리 옮겨 심는 것을 좋아하지 않으므로, 어린포기를 옮겨 심을 때는 꽃삽이나 오목한 숟가락으로 흙째 뿌리를 떠내어 옮겨 준다. 줄기높이가 일정하게 자라므로 여러 포기를 소담하게 모아 심은 다음 바로 물을 준다. _그림 ①

거름주기
너무 지나치게 크지 않도록 자라는 상태를 보아 가며 거름을 준다.

늘리기
씨뿌리기
① 씨가 익으면 열매껍질이 저절로 벌어져 씨가 사방으로 튀어나가 버리므로 열매껍질이 누렇게 익으면 열매를 따서 그물주머니에 넣어 둔다. 씨는 8월 중순 전후로 익기 시작하여 늦은 가을까지 계속 익는다. 열매를 따내고 나면 잎겨드랑이에서 새로 꽃눈이 나와 꽃이 핀다. _그림 ②
② 열매 속에서 나방의 애벌레가 고치를 짓고 월동하는 경우가 많으므로, 잘 벌어지지 않는 열매는 까지 않는다. 억지로 까다가 애벌레가 든 고치를 손톱으로 터트리는 수가 있다.

① 아주 어린 포기일 때는 뿌리에 흙을 붙여 옮겨 심는다.

③ 씨는 받은 즉시 뿌리거나 차고 어
   둡고 건조한 곳에 두었다가 봄이
   되면 기를 화분에 직접 뿌린다.
   5월 초순에 씨를 뿌리면 일주일
   전후로 싹이 튼다.
④ 밴 곳을 속아 준다.

② 열매의 이음선이 열리면 씨가 튀어 나간다.

	1월	2월	3월	4월	5월	6월	7월	8월	9월	10월	11월	12월
씨	🫘	🫘	🌱	🌱			✿	✿	✿ · ·	· ·	🍃	
거름				●	●	●			●			

수크렁

Pennisetum alopecuroides (L.) Spreng. var. *alopecuroides*

| **과명** 벼과 | **약이름, 다른 이름** 랑미초(狼尾草), 산전자초(山箭子草), 길갱이, 기랭이 | **생육상** 여러해살이풀 | **사는 곳** 햇빛이 잘 드는 풀밭과 언덕, 밭두렁 등에서 잘 자란다. | 높이 30~80cm | 꽃 피는 시기 8~9월

심기

햇빛이 잘 들고 메마른 자리에 심는다. 길가나 공원에서 흔히 볼 수 있어 꽃밭에 심는 것이 어색할 수도 있는데, 꽃이 피었을 때는 구절초류와, 여름철 잎이 무성할 때는 줄기가 튼튼하지 못한 나리류들과 썩 잘 어울리며 수크렁의 거친 야생미가 원예식물들과도 잘 어울린다. 가을에 패어 나오는 이삭 꽃차례가 역광에 비쳤을 때 대단히 인상적이다.

거름주기

특별히 주지 않아도 잘 자란다.

늘리기

씨뿌리기

① 10월 하순~11월 초순에 씨를 받는다. 겉깍지열매(영과)의 겉받침깍지(호영)가 밝은 볏짚색으로 변하면 줄기째 잘라 그늘에서 말린다. _그림 ①

② 위의 방법으로 구별하기 어려울 때는 열매이삭

① 열매가 익어가는 과정. 수술이 크림색에서 황갈색으로 변한 다음 말라 없어지고, 겉받침깍지가 밝은 볏짚색으로 변했다.

의 사이사이에서 열매들이 떨어져 나가기 시작하면 다 익은 것이니 이것을 줄기째 잘라 그늘에서 말린다. 그림 ②

③ 겉받침깍지가 마르면 씨가 저절로 쏟아져 나온다. 그림 ③ 손으로 털거나 막대로 두드리면 잘 쏟아진다. 씨는 차고 어둡고 건조한 곳에 보관해 두었다가 봄에 뿌리거나 가을에 뿌려 놓는다. 봄에 뿌릴 때는 씨를 뿌리기 전에 1~2일 정도 물에 불려 주고 뿌린 다음에도 흙이 마르지 않도록 물을 준다.

④ 새싹이 맵시 있게 자라는데, 예쁘다고 그대로 두면 나중에 뽑아내기 어려울 만큼 뿌리가 씨뿌림상자나 분 속에 가득 차게 된다. 어렸을 때 밴 곳을 솎아 준다.

⑤ 본잎이 3~4장 나오면 원하는 자리로 옮겨 심는다.

③ 씨

② 열매들이 떨어져 나가기 시작하면 줄기째 잘라 그늘에서 말린다.

④ 묵은 포기를 삽으로 떠서 몇 조각으로 나누어 심는다.

포기나누기

열매가 떨어진 묵은 포기를 늦은 가을이나 이른 봄에 옮겨 심는다. 묵은 포기는 호미나 꽃삽으로 떠내기 어려우므로 날이 잘 선 삽으로 떠내어 삽날로 포기를 몇 조각으로 나누어 심는다. 그림 ④

	1월	2월	3월	4월	5월	6월	7월	8월	9월	10월	11월	12월
어미포기	◐	◐	✿	✿				❀	❀	⋯	🍃	◐
씨	⋯	⋯	🌱	🌱							🍃	◐
거름				●	●				●			
늘리기			🪴	🪴				🪴	🪴			

숫잔대

Lobelia sessilifolia Lamb.

과명 숫잔대과 | **약이름, 다른 이름** 무병엽산경채(無柄葉山梗菜), 진들도라지, 잔대아재비 | **생육상** 여러해살이풀 | **사는 곳** 산골짜기의 습지에서 잘 자란다. | **높이** 50~100cm | **꽃 피는 시기** 7~9월

심기

햇빛이 잘 들고 습기가 많은 흙에 심는다. 줄기가 곧추서서 가지를 치지 않고 자라므로 10여 포기 정도 모아 심어야 자랄 때도 보기 좋고 꽃이 피었을 때도 화려하다. 장마철에 줄기가 쓰러지지 않도록 포기 전체에 나무막대로 작은 울타리를 둘러 주는 것이 좋다. 작은 키에서 여러 개의 가지가 나와 꽃을 피우는 것을 보려면 5월에 줄기의 윗부분을 잘라 준다. 2~4주 이내로 잎겨드랑이에서 새순이 나와 자란다. 대신 꽃은 원줄기에서처럼 풍성하게 달리지 않는다. _그림 ①

햇빛

가능하면 종일 햇빛이 드는 자리에 심어야 줄기가 빛을 따라 움직이지 않고 곧게 자란다.

① 줄기 윗부분을 잘라 주면 잎겨드랑이에서 새순이 나와 자란다.

물주기
습지식물이므로 가물면 가끔씩 물을 준다.

거름주기
크게 기르려면 봄에 덧거름으로 완숙퇴비를 한 번 준다.

② 씨는 보라색으로 익는다.

③ 뿌리목에서 새로운 눈이 생긴다.

④ 뿌리에 달린 둥근 혹덩어리들은 잘라 낸다.

늘리기

씨뿌리기
① 10월 중순~하순에 열매가 누릇누릇하게 물들면 줄기째 잘라 그늘에 두었다가 씨를 골라낸다. 씨는 고운 보랏빛이어서 다른 야생화보다 씨 고르는 일이 즐겁다. _그림 ②
② 가을에 씨를 받아 즉시 뿌리거나, 이듬해 3월 초순에 씨를 뿌리면 20일 전후로 싹이 튼다. 숫잔대의 새싹은 추위에 매우 강하여 씨를 뿌린 다음 복토를 하지 않고 흙이 가끔씩 얼 정도로 찬 곳에 두고 겨울을 나도 3월 중순이면 싹이 터서 자란다.
③ 줄기가 5~7cm로 자라면 분이나 꽃밭에 옮겨 심는다. 가을에 바로 꽃이 핀다.

포기나누기
꽃이 핀 포기는 열매를 맺으면서 죽고, 뿌리목에서 새로운 눈이 생겨나 겨울을 난다. _그림 ③ 가을에 이 눈을 손질하여 원하는 곳에 심어 준다. 꽃밭에 심으면 뿌리가 선충에 감염되기도 하므로 뿌리에 달린 둥근 혹덩어리는 잘라 낸다. _그림 ④

꺾꽂이
5~6월에 줄기마디를 잘라 꽂아 주면 2~4주 이내에 잎겨드랑이에서 눈이 생겨나고 뿌리가 내린다.

가을

바위솔

Orostachys japonica (Maxim.) A. Berger

| **과명** 돌나물과 | **약이름, 다른 이름** 와송(瓦松), 와련화(瓦蓮花), 지붕지기, 기와꽃 | **생육상** 여러해살이풀이지만 꽃이 피고 열매를 맺으면 죽는다. 재배하는 경우 대개 두해살이로 삶을 마감한다. | **사는 곳** 산지의 바위 겉이나 메마른 땅, 오래된 기와지붕에서 자란다. | **높이** 10~30cm | **꽃 피는 시기** 9~11월

심기

정남향이거나 햇빛이 잘 드는 자리가 있으면 분에 심어 가꿀 만하다. 얕은 분에 마사토와 부엽토만으로 심거나 모양이 좋은 돌 사이사이에 심어 기른다. 씨를 뿌려도 좋다.

물주기

다육식물이지만 너무 메마르면 진딧물이 끼거나 싱싱하게 자라지 못한다. 흙이 지나치게 마르지 않도록 물을 준다.

① 잎과 열매가 갈색으로 물들면서 시들어 가면 줄기째 잘라 말린다.

② 봄에 싹이 튼 바위솔이 여름 동안 자란 모습

거름주기
봄, 가을에 물거름을 묽게 희석하여 매주 한 번 정도 뿌려 준다. 크고 싱싱하게 자라면 거름 주는 횟수를 줄인다.

꽃 밭

심기
종일 햇빛이 들고 물이 잘 빠지는 모래땅에 심거나 바위 곁에 부드러운 흙 한 켜(약 1cm), 부엽토 한 켜(약 1cm)를 깔고 심거나 씨를 뿌린다. 물이 잘 빠지지 않는 곳이면 크고 작은 돌을 자연스럽게 쌓은 틈에 부엽토를 넣고 모종을 심거나 씨를 뿌려 놓는다.

물주기
건조한 날이 너무 오랫동안 계속되면 가끔씩 물을 흠뻑 준다.

거름주기
자라는 상태가 나쁘거나 아주 크게 기르고 싶으면 봄에 포기 주변에 덧거름으로 완숙퇴비를 흩뿌려 주거나 물거름을 묽게 희석해서 준다.

늘리기
씨뿌리기
① 언제 열매가 익어 씨가 날리는지 가늠하기 어려우므로 11월에 줄기 아랫부분의 잎과 열매가 갈색으로 물들면서 시들어 가면 줄기째 잘라 습기 없는 그늘에서 말린다. 씨는 먼지처럼 바람에 날려 퍼질 만큼 아주 작다. 그림 ①
② 가을 또는 3월 중순경에 씨를 뿌리면 7~10일 전후로 싹이 튼다. 새싹은 걷잡을 수 없을 만큼 많이 돋아난다.
③ 다육식물이어서 아주 어린 모종도 잘 죽지 않으므로 가능하면 일찍 솎아 낸다.

④ 봄에 튼 싹이 여름이면 그림만큼 자란다. 그림② 싹이 튼 해에는 꽃이 피지 않고 2년차에 꽃이 핀다.
⑤ 움츠린 로제트 모양으로 겨울을 나고, 그림③ 이듬해 가을 꽃이 피고 열매가 열리면 죽는다. 꽃이 피지 않은 포기는 죽지 않고 겨울을 난다.

포기나누기
어미포기 곁에 생겨난 새끼포기를 떼어 옮겨 심는다.

③ 로제트 모양으로 겨울을 난다.

	1월	2월	3월	4월	5월	6월	7월	8월	9월	10월	11월	12월
어미포기	🥒	🥒	🌱	🌱					❀	❀	∴	🍃
씨	•••	•••	🌱	🌱							🥒	🥒
거름				•	•							
늘리기			🪴	🪴	🪴				🪴			

구절초

Chrysanthemum zawadskii subsp. *latilobum* (Maxim.) Kitagawa

| **과명** 국화과 | **약이름, 다른 이름** 구일초(九日草), 선모초(仙母草), 들국화 | **생육상** 여러해살이풀 | **사는 곳** 햇빛이 잘 드는 산과 들에서 자란다. | **높이** 50cm 안팎 | **꽃 피는 시기** 9~10월 |

심기
추위와 더위에 강하여 기르기 쉽다. 하루 종일 햇빛이 들고 물이 잘 빠지는 비탈진 자리에 심는다. 습기가 많으면 이른 봄에 구덩이를 15cm 정도 파고 굵은 마사토나 염분을 뺀 조개껍데기 등을 10cm쯤 채운 다음 파낸 흙과 마사토 등을 섞어 높이 쌓아 올리고 구절초를 심는다.

물주기
건조에 강하지만 뿌리줄기가 지나치게 빨리 자라서 너무 우거진 포기 때문에 수분이 부족할 수도 있으므로 잎이 시들거리면 곧 물을 준다.

거름주기
자라는 상태를 보아 봄~초여름에 덧거름으로 완숙 퇴비를 두 번 준다. 크고 왕성하게 자란 포기에는 거름을 주지 않아도 된다.

① 씨
② 씨에서 싹이 튼 모습. 본잎이 3~4장 나오면 옮겨 심는다.

늘리기

씨뿌리기
① 씨를 받을 꽃송이만 남기고 다른 시든 꽃송이들은 모두 잘라 준다. 그대로 겨울을 나게 하면 봄에 정원 구석구석에서 구절초의 새싹이 돋아나므로 잡초처럼 뽑아내야 한다.
② 갈색으로 마른 꽃잎(혀꽃)이 희게 바랠 무렵 열매를 잘라 씨를 받는다. _그림 ①_
③ 차고 건조한 곳에 보관한 씨를 봄에 씨뿌림상자에 뿌린다.
④ 본잎이 3~4장 나오기 시작하면 옮겨 심는다. _그림 ②_

포기나누기
① 올해 꽃이 핀 포기는 죽는다. _그림 ③_
② 올해 새로 돋아나 자란 포기가 이듬해에 꽃을 피운다. 봄에 포기나누기를 할 때 지난해에 왕성하게 자란 포기를 옮겨 심어 준다. _그림 ④_
③ 뿌리줄기도 잘 정리하여 흙에 다시 묻어 주면 새 싹이 되어 자란다.

순꽃이
6월 초순~9월에 꽃봉오리가 달려 있는 끝순이나 가지를 8~10cm로 잘라 꽃이 상자(삽목상)나 화분 또는 꽃밭에 그대로 꽂아 준다.

③ 꽃이 핀 줄기는 말라죽는다.
④ 올해 새로 자란 포기에서 이듬해 꽃이 핀다.

	1월	2월	3월	4월	5월	6월	7월	8월	9월	10월	11월	12월
어미포기												
씨												
거름												
늘리기												

감국

Dendranthema indicum (L.) Desmoul.

과명 국화과 | **약이름, 다른 이름** 고의(苦薏), 정국화(正菊花), 황국(黃菊), 들국화 | **생육상** 여러해살이풀 | **사는 곳** 햇빛이 잘 드는 산기슭이나 바위틈, 풀밭에서 자란다. | **높이** 50~150cm | **꽃 피는 시기** 9~11월

꽃밭

심기
햇빛이 들고 물이 잘 빠지는 자리에 심는다. 꽃밭의 중심보다는 눈에 잘 띄지 않는 자리나 모퉁이에 꽃향유와 함께 몇 포기 모아 심으면 가을에 한껏 화사한 분위기를 낼 수 있다. 꽃 필 무렵 줄기 아래쪽이 쓰러지듯 비스듬히 누우므로 작은 울타리를 버팀목처럼 만들어 주면 보기 좋다.

물주기
바위틈에 심은 것은 메마른 날이 계속될 때 물을 흠뻑 준다.

거름주기
포기를 크게 키우고 싶을 때만 봄, 가을에 덧거름으로 완숙퇴비를 준다.

꽃이 시들어 갈 때 줄기째 잘라 그늘에서 말린다.

늘리기
씨뿌리기
① 꽃이 시들어 갈 때 줄기째 잘라 시원한 그늘에서 말린 다음 씨를 받아 바로 뿌리거나 냉동실에 넣어 둔다. 따뜻한 곳에 두면 나방이 꽃송이에 낳은 알이 부화되어 나오기도 하므로 주의한다. _그림
② 씨를 받지 않으려면 씨가 여물기 전에 줄기 밑동까지 모두 잘라 낸다. 꽃줄기를 잘라 내지 않으면 사방으로 날아간 씨에서 싹이 터서 4~5월에 뜰에 돋아난 감국의 새싹을 모두 매야 하는 노역을 감수해야 한다.
③ 싹이 튼 포기에서 2년차에 꽃이 핀다.

포기나누기
봄, 가을에 묵은 포기를 나누어 심는다.

꺾꽂이
① 꽃망울이 생길 무렵 잔가지를 잘라 꽂아 주면 짧은 줄기 끝에서 핀 꽃을 볼 수 있다.
② 장마철에 줄기 밑동(뿌리목 부분)을 잘라 주면 10월 말에 낮은 키(줄기높이 15cm 안팎)에서 피는 감국꽃을 볼 수 있다. 늦게 핀 감국의 꽃은 벌들에게 마지막 만찬이기도 하다.

털머위

Farfugium japonicum (L.) Kitam.

과명 국화과 | **약이름, 다른 이름** 대오풍초(大吳風草), 넓은잎말곰취 | **생육상** 여러해살이풀 | **사는 곳** 제주도, 울릉도, 거제도 등의 섬과 전남, 경남의 바닷가 숲 속에서 자란다. | **높이** 30~50cm | **꽃 피는 시기** 10~12월

심기
몸집이 크고 뿌리벋음이 좋으므로 크고 넓은 분에 심는다. 분 바닥에 콩알 크기의 마사토를 넣어 물이 잘 빠지게 하면 별 무리 없이 잘 자란다. 늘푸른 여러해살이풀이므로 겨울에도 싱그러운 잎을 볼 수 있다. 물빠짐이 나쁘거나 거름기 있는 흙을 많이 넣어 심으면 크게 자란 포기도 잎과 줄기가 축 처지면서 포기의 가운뎃부분이 썩어가기도 하므로, 물을 주어도 잎이 자꾸 시들거리면 당장 분을 털어 물이 잘 빠지게 고쳐 심어 주고 거름을 끊는다.

물주기
화분의 겉흙이 마르기 시작하면 준다.

거름주기
큰 분에 심은 것은 봄, 가을에 완숙퇴비나 덩이거름을 덧거름으로 주고 물거름을 묽게 희석하여 매주 한 번씩 준다. 작은 분에 심은 것은 물거름을 묽게 희석하여 매주 한 번씩 준다. 털머위는 거름이 뿌리 끝에 직접 닿는 것에 예민한 반응을 보이기도 하므로 분갈이 할 때 완전히 발효된 거름을 밑거름으로 넣어 준다.

① 12~1월에 씨를 받는다. 씨는 검은 갈색이다.

늘리기

씨뿌리기
① 12~1월에 씨를 받아 즉시 뿌리거나 두었다가 봄에 뿌린다. _그림 ①
② 새싹이 크게 돋아 자라므로 씨는 듬성듬성 뿌린다. 본잎이 1~2장 나와 자랄 무렵 옮겨 심거나 가을에 옮겨 심는다. _그림 ②

포기나누기
봄, 가을에 묵은 포기를 나누어 심는다.

심기

남부 지방에서 꽃밭에 심어 기르거나 가로화단의 장식용 꽃으로 쓴다. 꽃밭에 심을 때는 아침 햇빛이 잘 드는 밝은 그늘 아래 촉촉하고 부드러운 흙에 심어야 풍성하게 잘 자란다(자생지의 민가에서 뒤뜰의 돌담 아래 심어 놓은 정경을 상상하면 된다). 가을에 미리 퇴비를 섞어 갈아 놓았다가 봄이 되면 포기 사이를 30~40cm로 띄워 심고 포기 아랫부분이 어느 정도 가려질 만큼 흙을 두툼하게 덮는다.

② 본잎이 1~2장 나와 자라면 옮겨 심는다.

	1월	2월	3월	4월	5월	6월	7월	8월	9월	10월	11월	12월
어미포기												
씨												
거름												
늘리기												
두는 곳												

둥근바위솔
Orostachys malacophylla (Pall.) Fisch.

과명 돌나물과 | **약이름, 다른 이름** 둔엽와송(鈍葉瓦松), 바우솔 | **생육상** 여러해살이풀 | **사는 곳** 바닷가의 바위 곁이나 높은 산정의 바위 곁에서 잘 자란다. | **높이** 5~30cm | **꽃 피는 시기** 10~2월

꽃 밭

심기
종일 햇빛이 들고 물이 잘 빠지는 메마른 흙에 심는다. 장마철에 계속 비가 내리면 잎 가장자리가 까맣게 말라 들어가면서 포기 전체가 약해지므로 작은 바위정원(암석원)을 만들거나 기왓장을 포개어 놓고 그 사이에 심는다. 햇빛이 잘 드는 좁은 땅에 바위솔 종류만 심은 손바닥정원을 꾸며도 좋다.

거름주기
크고 탐스럽게 가꾸려면 봄, 가을에 덧거름으로 완숙퇴비를 한 번씩 흩뿌려 주거나 고형비료를 몇 개 얹어 준다.

늘리기
씨뿌리기
좀처럼 꽃을 보기가 힘든데, 여러 해 가꾸다 보면 20cm 정도의 긴 꽃줄기가 나오고 황갈색 꽃이 피는 것을 볼 수도 있다. 꽃이 핀 포기는 말라 죽는다. 따라서 씨를 뿌려 가꾸는 일은 거의 없다.

포기나누기
해마다 잎겨드랑이에서 어린포기가 생겨나 자라므로 이것을 떼어 옮겨 심는다. 그림

잎겨드랑이에 생겨난 어린포기를 떼어 옮겨 심는다.

	1월	2월	3월	4월	5월	6월	7월	8월	9월	10월	11월	12월
어미포기	✿	✿	∴	🌱						✿	✿	✿
거름				●	●	●			●	●		
늘리기				🪴	🪴	🪴			🪴			

바늘꽃

Epilobium pyrricholophum Franch. & Sav.

과명 바늘꽃과 | **약이름, 다른 이름** 장자유엽채(長籽柳葉菜) | **생육상** 여러해살이풀 | **사는 곳** 햇빛 잘 드는 냇가 또는 냇가 근처의 풀밭에서 자란다. | **높이** 30~90cm | **꽃 피는 시기** 8~9월

·

심기
분 바닥에 콩알 크기의 마사토를 조금 깔고 부엽토나 혼합토에 마사토를 섞어 심는다. 바늘꽃은 방망이 모양의 암술머리와 끝이 두 갈래로 얕게 갈라진 4장의 꽃잎, 가을에 물드는 붉은 단풍을 즐기기 위해 기르므로 되도록 햇빛을 많이 보여 주어 꽃빛과 꽃 모양, 잎의 단풍이 제 색깔을 낼 수 있도록 해준다.

햇빛
봄, 가을에는 종일 햇빛이 들고 여름에는 아침 햇빛이 드는 밝은 그늘이 좋다.

물주기
물을 좋아하므로 겉흙이 마르기 시작하면 바로 준다.

① 열매의 이음선이 벌어지기 시작할 때 씨를 받는다.

거름주기

풍성하게 기르려면 덧거름으로 덩이거름이나 고형비료를 얹어 주고 물거름을 묽게 희석하여 2주에 한 번씩 준다. 너무 풍성하면 야생미가 사라지므로 자라는 상태를 보아 가며 준다.

늘리기

씨뿌리기

① 10월 중순~11월 초순에 씨가 익는다. 씨는 분홍바늘꽃의 씨를 축소해 놓은 것 같다. 씨가 아주 작고 갓털이 길게 달려 있으므로 열매의 이음선이 막 열리기 시작한 것을 잘라 오면 가장 좋다. 그림 ①

② 씨는 받은 즉시 뿌리거나 봄에 뿌린다. 차고 어둡고 건조한 곳에 보관하였다가 기온이 올라가는 따뜻한 봄에 뿌리면 1~2주 전후로 싹이 튼다. 기를 화분에 직접 뿌려 밴 곳을 솎아 내는데, 약간 밴 듯하게 길러도 좋다. 줄기가 곧게 서서 자라기 시작하면 옮겨 심는다. 그림 ②

포기나누기

봄, 가을에 뿌리목이나 땅속줄기에서 생겨난 포기를 나누어 심는다. 그림 ③

② 줄기가 곧게 서서 자라기 시작하면 옮겨 심는다.

③ 뿌리목이나 땅속줄기에서 생겨난 포기를 나누어 심는다.

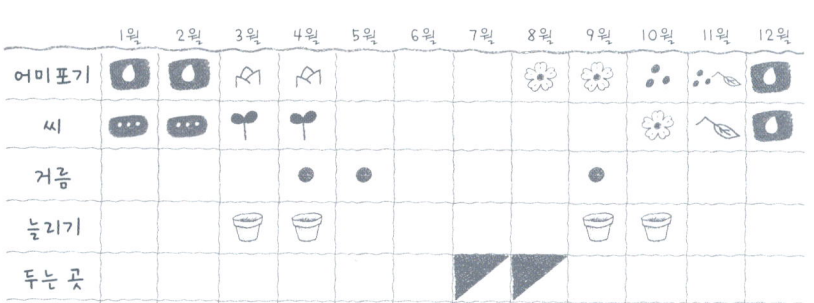

	1월	2월	3월	4월	5월	6월	7월	8월	9월	10월	11월	12월
어미포기	▨	▨	✿	✿				✿	✿	∴	∴	▨
씨	▨	▨	✿	✿					✿		✎	▨
거름				●	●				●			
늘리기			⚱	⚱					⚱	⚱		
두는 곳							▰	▰				

기생여뀌

Persicaria viscosa (Hamilt. ex D. Don) H. Gross ex Nakai

| **과명** 여뀌과 | **약이름, 다른 이름** 향료(香蓼), 점모료(粘毛蓼), 기생역귀, 향여뀌
| **생육상** 한해살이풀 | **사는 곳** 들녘의 개울가, 연못가, 강가 등 물이 고여 있는 풀숲 가장자리에서 자란다. | **높이** 50~130cm | **꽃 피는 시기** 9~10월

심기
식물체의 선이 곱고 섬세하므로 둥그런 분보다는 길고 네모난 분이 더 잘 어울린다. 분 바닥에 콩알 크기의 마사토를 조금 깔고 거친 부엽토나 혼합토에 마사토를 조금 섞어 심는다.

햇빛
많이 보여 줄수록 좋다. 전체적인 모습은 지나치리만큼 야생적이지만 꽃덮이조각의 짙은 붉은색과 잎사귀의 아름다운 초록색, 줄기에 돋은 길고 흰 털, 독특한 향기 등이 어우러져 빚어내는 섬세함이 자꾸만 들여다보게 하는 즐거움을 주는 식물이므로 햇빛을 충분히 보여 주어 특유의 멋이 나타나도록 기른다.

거름주기
자라는 상태를 보아 물거름을 묽게 희석하여 뿌려준다. 분에 기를 때는 너무 크게 기르지 않는다.

① 갈색으로 물든 시든 꽃덮이조각 속에 씨가 들어 있다.

늘리기
씨뿌리기
① 분에 심어 기른 포기에서는 씨를 얻기 어려우므로 10~11월에 저수지나 개울 주변에 가서 씨를 받아다가 뿌린다. 갈색으로 변한 시든 꽃덮이조각 속에 씨가 들어 있다. _그림 ①
② 씨는 받은 즉시 뿌린다. 베란다에서는 싹이 빨리 돋아나므로 빠르면 2월 중순에 싹이 돋기도 한다. 본잎이 3~4장 나왔을 때 옮겨 심는다. _그림 ②

② 본잎이 3~4장 나왔을 때 옮겨 심는다.

	1월	2월	3월	4월	5월	6월	7월	8월	9월	10월	11월	12월
씨	•••	•••	🌱	🌱					✿	✿	∴	🍃
거름				•	•			•				
늘리기			🪴	🪴	🪴							

자주꿩의비름

Hylotelephium telephium (L.) H. Ohba

과명 돌나물과 | **약이름, 다른 이름** 자경천(紫景天), 활혈단(活血丹), 석호접(石蝴蝶) | **생육상** 여러해살이풀 | **사는 곳** 햇빛이 잘 드는 산과 들의 메마른 땅과 바위틈, 오래된 성벽 틈에서 자란다. | **높이** 30~50cm | **꽃 피는 시기** 9~10월

심기
햇빛이 잘 들고 물빠짐이 좋은 자리에 심는다. 바위틈, 돌 틈 사이에 심어 날씬하게 자라게 하거나 유기물이 풍부한 흙에 심어 풍성하게 기른다.

물주기
다육식물이므로 특별히 물을 줄 필요는 없으나 가뭄이 계속되면 물을 준다.

거름주기
흙이 딱딱하게 굳었으면 봄, 가을에 한 번씩 덧거름으로 완숙퇴비를 준다.

늘리기
씨뿌리기
① 열매의 2/3 이상이 붉은 갈색으로 물들어 갈 무렵 줄기째 잘라 그늘에서 말리면 열매의 이음선이 벌어지면서 씨가 쏟아져 나온다. _그림 ②, ③_

① 본잎이 4~5장 나오면 아주심기한다.

② 씨뿌림상자에 뿌리거나 싹이 잘 트므로 봄에 밭에 직접 뿌린다. 싹이 트기 전까지는 흙이 마르지 않도록 물을 준다.
③ 씨에서 싹이 튼 포기는 본잎이 4~5장 나오면 아주심기한다. 그림 ①
④ 가을에 떨어진 씨가 봄에 잡초처럼 돋아나 자라므로 새싹을 원치 않을 때는 가을에 꽃이 시들 무렵 꽃줄기를 잘라 주거나 활짝 피었을 때 꽃꽂이용으로 쓴다.

② 꽃과 열매. 열매의 이음선이 벌어지면서 씨가 쏟아져 나온다.
③ 열매가 붉은 갈색으로 물들면 줄기째 잘라 말린다.
④ 뿌리목에서 생겨난 새 눈

포기나누기

이른 봄 또는 가을에 어미포기의 밑부분(뿌리목)에 생겨난 새 눈을 나누어 심는다. _그림 ④ 봄에 너무 일찍 포기를 나누어 심어 서리를 맞히면 1년 내내 제대로 자라지 못하므로 주의한다.

잎꽂이

잎을 한 장씩 떼어 내 그대로 꽂거나 반으로 잘라 꽂는다. _그림 ⑤

꺾꽂이

줄기를 잘라 꽂는다. 잎은 반으로 잘라 증산작용을 억제해 준다.

_그림 ⑥

⑤ 잎을 반으로 자르거나 그대로 꽂는다.

⑥ 줄기에 잎 한 장을 붙이거나 잎을 반으로 자른다.

둥근잎꿩의비름

Hylotelephium ussuriense (Kom.) H. Ohba

과명 돌나물과 | **약이름, 다른 이름** 경천초(景天草) | **생육상** 여러해살이풀 | **사는 곳** 경북 주왕산의 바위틈 등에서 자란다. | **높이** 10~25cm | **꽃 피는 시기** 9~11월

심기
줄기가 아래로 늘어지면서 자라므로 깊이가 20~30cm인 분을 고른다. 분은 둥근 모양보다 네모난 분이 식물의 생김새와 더 잘 어울린다. 분 바닥에 콩알 크기의 마사토를 깔고 부엽토나 혼합토에 마사토를 넉넉히 섞어 심는다.

① 씨에서 싹이 튼 모습. 장마철 무렵에 약 5~7cm로 자랐다.

햇빛
베란다의 창문 가까운 곳에 놓고 문을 열어
두어 줄기가 아래쪽으로 벋어 나가며 햇빛
을 마음껏 쬘 수 있도록 한다.

물주기
화분의 겉흙이 하얗게 마르면 준다.

거름주기
겉흙 위에 덩이거름이나 고형비료를 얹어 주거나 물거름
을 묽게 희석해서 준다. 해마다 새 흙으로 분갈이를 해주
면 굳이 거름을 주지 않아도 잘 자란다.

 꽃 밭

② 두 달 전후로 뿌리가 내린다. 뿌리는 붉은색이며 많이 생긴다.

심기
햇빛이 잘 들고 굵은 돌이 적당히 섞여 있어 물이 잘 빠지는 흙에
심는다. 줄기가 아래로 늘어지므로 꽃밭 맨 앞자리에 심거나 기왓
장으로 낮은 울타리를 두른 다음 울타리 뒤쪽에 심어 줄기가 기왓
장 위로 늘어지게 해주면 깨끗하게 잘 자라며 꽃과 잎, 기왓장의
어울림도 보기에 좋다.

늘리기
씨뿌리기
① 꽃이 지고 열매가 붉은 갈색으로 물들어 가면 줄기째 길게 잘
라 그늘에서 말린 다음 씨를 털어 낸다. 씨는 처음 보는 사람은
쭉정이라고 여길 만큼 작고 여위었다.
② 갈무리해 둔 씨를 3월 하순~4월 초순에 뿌린다. 씨뿌림상자를
바람이 많이 부는 자리에 두려면 씨를 뿌린 다음 바람에 날아
가지 않도록 고운 마사토로 마무리해 준다.

③ 한 달(4주) 전후로 싹이 튼다. 장마철 무렵이면 그림1과 같은 모양과 길이로 자라며, 잘 자란 것은 어미포기만큼 자라기도 한다. _그림 ①
④ 이듬해에 꽃이 핀다.

포기나누기
4~5월에 새로 생긴 포기를 나누어 심는다.

줄기꽂이
줄기마디를 잘라 꽂는다. 줄기꽂이를 하지 않아도 줄기마디에서 새 눈이 많이 생겨나므로 새 눈이 달린 줄기를 적당한 길이로 잘라 꽂아도 된다.

잎꽂이
장마철이 지날 무렵부터 줄기 맨 아랫부분에 달린 잎들이 저절로 떨어진다. 이것들을 모아 꽃이상자의 흙 위에 올려놓으면 두 달 전후로 뿌리가 내린다. 뿌리는 선명한 붉은색이며 아주 많이 내린다. 밖에서 겨울을 나면 얼어 죽을 수 있으므로 서리를 피할 수 있는 자리에서 겨울을 나게 한다. _그림 ②

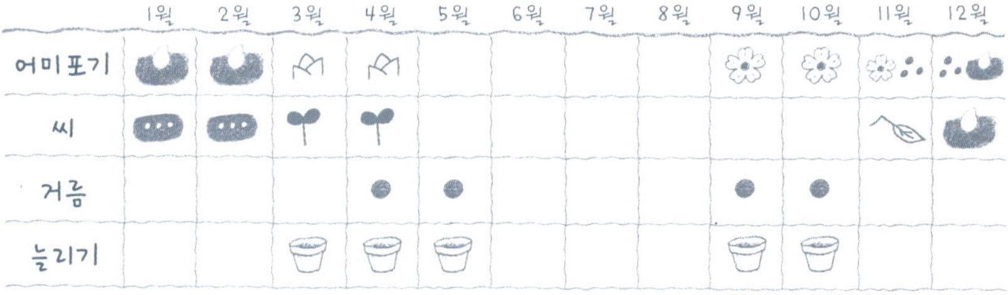

꽃향유

Elsholtzia splendens Nakai

과명 꿀풀과 | **약이름, 다른 이름** 해주향유(海洲香薷), 붉은향유 | **생육상** 한해살이풀 | **사는 곳** 햇빛이 잘 드는 산기슭에서 자란다. | **높이** 30~60cm | **꽃 피는 시기** 9~11월

 베란다

심기
분 바닥에 콩알 크기의 마사토를 깔고 거친 부엽토만으로 심는다.

햇빛
될 수 있는 한 햇빛이 잘 드는 자리에 둔다.

물주기
겉흙이 마르면 흠뻑 준다.

거름주기
햇빛을 충분히 보여 주기만 하면 거름에 상관없이 꽃송이가 풍성하게 달린다. 거름을 주고 싶다면 덩이거름이나 고형비료를 얹어 준다.

① 11월에 씨를 받는다.

 ## 꽃밭

심기
메마른 땅에서도 잘 견디며 화려한 꽃을 피우므로 꽃을 가꾸기 어려운 땅에 씨를 뿌려 기르면 좋다. 어린 새싹일 때는 가끔씩 잡초를 뽑아 주고, 포기 사이는 10cm 정도로 약간 밴 듯하게 간격을 두고 덧거름을 한 번 준다. 장마철에 자라는 것을 보아 가며 한 번 더 포기 사이를 정리해 준다.

늘리기
씨뿌리기
① 11월에 씨를 받는다. 씨는 받은 즉시 뿌리거나 이듬해 3월 하순~4월 중순에 뿌린다. _그림 ①
② 물뿌리개로 물을 뿌려 흙을 살짝 다지고 씨를 흩어 뿌린 다음 씨가 보이지 않을 만큼만 흙을 덮는다.
③ 10일 전후로 싹이 튼다.
④ 본잎이 5~6장 나와 자라고 줄기가 굳어지면 아주심기한다. 옮겨심기는 장마철까지 할 수 있다. _그림 ②

② 본잎이 5~6장 이상 나와 자라고 줄기가 굳어지면 옮겨 심는다.

	1월	2월	3월	4월	5월	6월	7월	8월	9월	10월	11월	12월
씨	•••	•••	🌱	🌱				❀	❀	❀	•••	🍃
거름					●	●			●			
늘리기					🪴	🪴						
두는곳							◣	◣				

한라부추

Allium taquetii H. Lev. & Vaniot var. *taquetii*

과명 백합과 | **약이름, 다른 이름** 산구(山韭) | **생육상** 여러해살이풀 | **사는 곳** 한라산의 햇빛이 잘 들고 메마른 산지에서 자란다. | **높이** 20cm 안팎 | **꽃 피는 시기** 10~11월

심기
한라부추는 몸집이 작고 가녀리므로 분에 심어 기르는 것이 좋다. 자라는 힘도 좋고 꽃달림도 좋으므로 높이 10cm 안팎의 분에 심어 길러도 무난하다. 큰 분에 심어도 식물체의 크기에는 별다른 변화가 없다. 찬바람이 부는 초겨울에 가녀린 식물이 피워 낸 귀여운 꽃의 모습을 보는 즐거움이 있다. 작은 분에 심을 때는 분 바닥에 팥알 크기의 마사토를 조금 깔고 마사토와 난전용토를 섞어 심으면 물관리하기에 편리하다.

햇빛
아침 햇빛이 잘 드는 곳이나 봄, 가을, 겨울에 하루 종일 햇빛을 볼 수 있는 자리에 둔다. 한여름 대낮의 강한 햇빛은 피한다.

물주기
겉흙이 마르면 곧 물을 준다.

거름주기
물거름을 묽게 희석하여 매주 한 번씩 준다.

① 꽃줄기는 잎과 잎 사이에서 잘 나온다.

늘리기

씨뿌리기
① 꽃이 핀 뒤 2개월 전후로 씨가 익는다. 열매껍질이 저절로 벌어지기 전에 까맣게 익은 씨가 보이므로 줄기째 잘라 그늘에 말린다.
② 씨는 받은 즉시 씨뿌림상자에 뿌리거나 이듬해 봄에 뿌린다. 한 달 전후로 싹이 트기 시작하며 대개 봄~여름에 걸쳐 끊임없이 새싹이 돋는다.
③ 밴 곳을 솎아 내고 이듬해 봄 아주심기 한다.

포기나누기
대체로 잎과 잎 사이에서 꽃줄기가 생겨 나와 꽃을 피우며_그림 ① 뿌리가 잘 벋어 나가므로, 작은 분에 심은 것은 1년에 한 번 분갈이해 준다. 큰 분에 심은 것은 2년에 한 번이면 충분하다. 새 알뿌리는 꽃이 질 무렵부터 생겨나며 2월에 새잎이 돋아나 자란 것을 볼 수 있다. 봄에 분을 털어 알뿌리를 2~3분얼로 나눈다. 손가락으로 알뿌리 아랫부분을 가볍게 잡고 비틀면 쉽게 나누어진다._그림 ②
심기 전에 뿌리를 짧게 자르고 깨끗하게 손질한다._그림 ③

② 알뿌리 아랫부분을 가볍게 잡고 비튼다.

③ 심기 전에 묵은 뿌리와 긴 뿌리를 손질한다.

	1월	2월	3월	4월	5월	6월	7월	8월	9월	10월	11월	12월
어미포기												
씨												
거름												
늘리기												
두는 곳												

층꽃나무

Caryopteris incana (Thunb.) Miq.

과명 마편초과 | **약이름, 다른 이름** 난향초(蘭香草), 유(蕕), 층꽃풀 | **생육상** 여러해살이풀 | **사는 곳** 남부 지방의 산지 바위틈에서 흔히 자란다. | **높이** 30~60cm | **꽃 피는 시기** 9~10월

심기
햇빛이 잘 들어오는 자리가 있다면 심어 길러도 좋다. 분 바닥에 콩알 크기의 산모래를 넉넉히 깔고 부엽토나 혼합토에 마사토를 충분히 섞어 심는다. 자생지에서도 바위틈에 뿌리를 내리고 살며 줄기 아랫부분이 나무질이므로, 분 속에 윤기 없는 돌 몇 개를 얹고 그 사이에 심어도 좋다. 줄기는 햇빛을 따라 구부러지는 성질이 있으므로 봄~가을에 분을 베란다의 창 쪽으로 두어 줄기가 베란다 밖으로 늘어지게 길러도 좋다.

햇빛
하루 종일 햇빛을 보여 준다.

물주기
겉흙이 마르면 물을 준다. 거칠고 메마른 흙에서도 잘 자라지만 건조한 날이 계속되면 잎이 뒤집히며 말린다. 그림 ① 즉시 물을 준다.

① 건조하면 잎이 뒤집히며 말린다.

거름주기

덧거름으로 덩이거름이나 고형비료를 얹어 준다. 너무 크게 기르는 것보다는 작게 길러 야생미가 느껴질 수 있게 해준다.

 꽃 밭

심기

하루 종일 햇빛이 들며 메마르고 자갈돌이 많이 섞인 흙에 심는다. 이렇게 척박한 곳에 심어도 1년 뒤면 풍성하게 자란 어미포기로 변한다. 햇빛이 잘 드는 자리에 심으면 서울에서도 나무질인 부분이 그대로 겨울을 난다. 겨울이 추운 중부 이북에서 꽃색이 훨씬 더 선명하고 나무질인 부분이 겨울에 얼어 죽으므로 봄에 새 줄기가 깨끗하게 올라온다.

거름주기

여러해살이 식물이지만 습기가 많고 유기물이 풍부한 비옥한 땅에 심으면 키가 쑥쑥 자라고 많은 꽃들이 눈부실 만큼 화려하게 핀 다음 저절로 소멸해 버리기도 하므로 거름은 자라는 상태를 보아 가며 준다.

늘리기

씨뿌리기

① 11월 초순~중순에 꽃줄기를 잘라 바람이 잘 드나드는 그늘에서 말린다. 건조한 날이 계속되면 꽃줄기를 가느다란 막대로 살살 쳐서 씨를 떨어뜨린다. 습기가 있으면 씨가 잘 떨어지지 않는다. 체를 이용하여 씨와 나방의 애벌레, 마른 꽃받침잎 등을 분리한다. _그림 ②

② 11월 초순~중순에 꽃줄기를 잘라서 말린 다음 씨를 받는다.

② 씨는 받은 즉시 원하는 자리에 흩어 뿌리거나 봄에 뿌린다. 봄에 뿌리면 10일 전후로 싹이 튼다. 싹이 아주 잘 트므로 밴 곳을 솎아 준다.
③ 본잎이 3~5장 나오면 포기 사이를 10cm 정도로 띄워 심는다. 가을에 꽃이 핀다.

포기나누기
2~3년 기른 묵은 포기를 나누어 심는다.

꺾꽂이
4월 하순~5월 초순에 새싹이 붙어 있는 줄기를 2~3마디씩 잘라 꽂는다. 가을에 꽃이 핀다.

	1월	2월	3월	4월	5월	6월	7월	8월	9월	10월	11월	12월
어미포기	🪴	🪴	🌱	🌱					✿	✿	∴	🍃
씨	▭	▭	🌱	🌱					✿	∴	🍃	
거름				●	●				●	●		
늘리기			🪴	🪴					🪴	🪴		

쓴풀

Swertia japonica (Schult.) Griseb.

과명 용담과 | **약이름, 다른 이름** 당약(當藥) | **생육상** 두해살이풀 | **사는 곳** 햇빛이 잘 드는 풀밭이나 무덤가 잔디밭에서 무리지어 자란다. | **높이** 20~40cm | **꽃 피는 시기** 9~10월

심기
흙이 넉넉히 담긴 큰 분에 심으면 포기가 커지고 꽃도 많이 피므로 입지름과 깊이가 10cm 이상인 분을 고른다. 분 바닥에 콩알 크기의 산모래를 조금 깔고 부엽토나 혼합토에 마사토를 넉넉히 섞은 흙을 넣은 다음 씨를 뿌리거나 가을에 일년생 모종을 분양받아 심는다.

햇빛
햇빛을 좋아하므로 종일 햇빛이 잘 드는 자리에 둔다.

물주기
겉흙이 하얗게 마르면 흠뻑 준다.

거름주기
겉흙 위에 덩이거름 1~2개나 고형비료 3~5개를 얹어 주고 봄, 가을에 물거름을 묽게 희석하여 매주 한 번씩 준다.

① 씨에서 싹이 튼 모습. 로제트 모양으로 자라다가 겨울에 잎이 진다.

 ## 꽃밭

심기
햇빛이 잘 들고 메마른 자리에 여러 포기 모아 심는다. 씨를 뿌리면 싹이 아주 잘 트므로 꽃밭에 직접 뿌려도 좋다.

늘리기
씨뿌리기
① 씨는 서리가 하얗게 내리는 11월 초순부터 익기 시작한다. 분에 심어도 잘 기르면 씨를 받을 수 있다.
② 씨는 초록색→흰색→갈색으로 변하며 익는다. _그림②_ 갈색으로 완전히 익은 씨는 아침 해가 뜨면 서리를 뒤집어쓴 열매껍질이 열리면서 몇 개씩 쏟아져 내린다.
③ 씨는 받은 즉시 뿌리거나 차고 어둡고 건조한 곳에 두었다가 이듬해 봄에 뿌린다. 싹이 아주 잘 트므로 어렸을 때 밴 곳을 솎아 준다.
④ 싹이 튼 첫해에는 로제트 모양으로 자라다가 겨울을 나고 2년째 되는 해 봄부터 줄기가 길어지면서 가을에 꽃이 피고 열매를 맺은 다음 소멸한다. _그림①_

② 씨는 초록색→흰색→갈색으로 변하며 익는다.

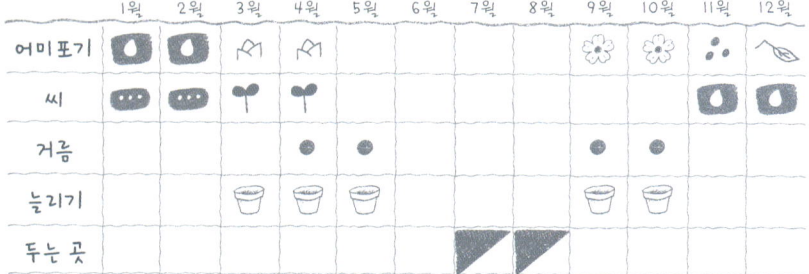

용담

Gentiana scabra Bunge for. *scabra*

과명 용담과 | **약이름, 다른 이름** 초용담(草龍膽), 룡담, 거친과남풀, 용담꽃 | **생육상** 여러해살이풀 | **사는 곳** 산속의 나무 그늘이나 풀밭에서 자란다. | **높이** 20~60cm | **꽃 피는 시기** 9~10월

심기
분 바닥에 콩알 크기의 마사토를 깔고 부엽토나 혼합토에 마사토를 넉넉히 섞어 심는다. 작은 분에 심으면 키가 작아지고 꽃 필 무렵에도 줄기가 옆으로 눕는 일이 거의 없으나 큰 분에 심으면 키가 커지고 줄기가 비스듬히 눕는다. 햇빛이 잘 들지 않는 그늘진 베란다에서도 잘 자라고 꽃달림이 좋다. 분에 심어 베란다에 놓고 기르기에 좋은 식물이다.

햇빛
아침 햇빛이 잘 드는 밝은 그늘도 좋고 하루 종일 햇빛이 드는 자리도 좋다.

물주기
물을 좋아하므로 겉흙이 마를 무렵 바로 물을 주어도 좋다. 그러나 습기에는 약하므로 물지님이 약한 마사토를 넉넉히 섞어 심고 바람이 잘 통하게 해준다.

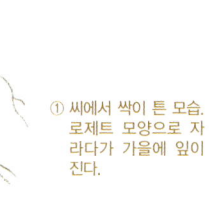

① 씨에서 싹이 튼 모습. 로제트 모양으로 자라다가 가을에 잎이 진다.

거름주기
겉흙 위에 덩이거름이나 고형비료를 얹어 주고 물거름을 묽게 희석하여 매주 한 번씩 준다.

심기
봄, 가을에는 햇빛이 잘 들고 여름에는 그늘이 지며 습기가 적당히 있는 자리가 가장 좋지만 실제로 그런 자리를 구하기는 어려우므로 햇빛이 잘 드는 자리에 심는다. 수크령 같은 벼과 식물과 함께 심으면 좋다.

늘리기
씨뿌리기

① 꽃이 지고 3~4주 전후로 열매가 익어 벌어진다. 씨는 가볍고 작으며, 눈으로 확인하긴 어려우나 날개가 있어 바람에 잘 날아간다. 열매가 벌어지려 할 때 줄기째 잘라 바람 없는 건조한 그늘에서 말린다. 그림

② 씨는 받은 즉시 뿌리거나 차고 어둡고 건조한 곳에 보관하였다가 4월 하순~5월 중순에 씨뿌림상자에 흩어 뿌리고 고운 마사토를 한 겹 덮어 준다. 흙이 마르지 않도록 물을 주면 일주일

② 꽃이 지고 3~4주 전후로 열매가 익는다.

③ 뿌리목에 생긴 눈을 봄과 가을에 나누어 심는다.

전후로 싹이 튼다.
③ 싹은 너무 많이 돋아나므로 핀셋으로 밴 곳을 솎아 내다가 본 잎이 3~5장 나오면 아주심기한다. 1년 동안은 줄기가 자라지 않으며, 2년생 용담류와 마찬가지로 로제트 모양으로 1년을 보낸 다음 이듬해에 줄기가 생겨나 자라고 꽃이 핀다._그림 ①

포기나누기

분에 심은 용담은 매년 분갈이를 해주어야 건강하게 잘 자라고 꽃달림도 좋으므로 분갈이를 겸한 포기나누기를 해준다. 눈이 많이 달리지 않은 포기는 흙만 새로 바꾸어 주고, 눈이 많이 달린 포기는 눈을 2~4개 단위로 나누어 준다._그림 ③

꺾꽂이

5~6월에 줄기가 20cm 이상 자란 것을 골라 줄기를 두 마디 이상 되는 길이로 자른다. 첫째 마디에 붙은 잎은 떼어 내고 둘째 마디에 붙은 잎은 1/3만 남기고 자른 다음 꽂이상자에 꽂는다. 2주 전후로 뿌리가 내린다.

해국

Aster sphathulifolius Maxim.

| **과명** 국화과 | **약이름, 다른 이름** 해변국(海邊菊) | **생육상** 여러해살이풀. 나무질로 된 줄기가 겨울을 난다. | **사는 곳** 바닷가 바위틈에서 뿌리를 내리고 자란다.
| **높이** 30~60cm | **꽃 피는 시기** 9~11월

심기
아침 햇빛만 들어오는 자리에서도 깨끗하게 잘 자라므로 분에 심어 베란다에서 기르기에 좋다. 베란다에서 기를 때는 꽃밭에서 해국을 기르는 사람에게 줄기 몇 개를 분양받아 분에 심어도 좋다. 줄기를 분양받아 심을 때는 넓고 깊은 분이 필요치 않다. 입지름 10cm 정도의 작은 분 바닥에 콩알 크기의 마사토를 깔고, 부엽토나 혼합토를 조금 섞은 마사토에 심는다.

햇빛
햇빛이 많이 드는 곳에 둔다. 줄기는 아래쪽으로 구부러지면서 자라거나 아주 낮게 자라므로, 햇빛의 방향을 잘 조절해 주어야 멋진 모습을 감상할 수 있다.

물주기
마사토를 많이 써서 심은 것은 흙이 마르기 시작하면 바로 준다.

거름주기
봄, 가을에 물거름을 묽게 희석해서 1~2주에 한 번 준다.

 ## 꽃밭

심기
햇빛이 반나절 이상 들고 물이 잘 빠지는 흙에 심으면 저절로 잘 자란다. 정원에 놓인 큰 돌이나 작은 바위 곁에 심어 놓아도 좋다. 포기가 풍성하게 퍼져 나가면서 깨끗하게 자라는 모습이 좋다. 꽃 핀 포기 곁에서 생겨난 새 포기가 겨울을 난 다음 꽃을 피우므로, 참고하여 새 포기나 줄기 끝에 생겨난 포기 등을 보기 좋게 정리해 주면 훨씬 더 좋은 모습을 즐길 수 있다.

거름주기
풍성하게 기르고 싶을 때만 봄, 가을에 덧거름을 한 번씩 준다.

늘리기
씨뿌리기
① 늦은 가을에 씨를 받아 바로 뿌리거나 차고 어둡고 건조한 곳에 두었다가 봄에 씨뿌림상자에 뿌린다. 씨는 갈색으로 익으며 싹이 아주 잘 튼다. _그림 ①
② 밴 곳을 솎아 주며 기르다가 장마철이나 가을에 아주심기한다.

포기나누기
봄, 가을에 뿌리목에 생긴 포기는 나누어 주고 나무질로 된 줄기 끝에 생겨난 포기는 줄기를 잘라 꽂아 준다. _그림 ②

꺾꽂이
5~6월에 나무질로 된 줄기 곳곳에 생겨난 눈(화살표로 표시된 곳)을 잘라 꽂아 준다. 눈이 붙은 줄기를 7~8cm 길이로 잘라 꽂이상자나 화분에 직접 꽂는다. _그림 ③

① 씨는 갈색으로 익는다.

③ 줄기마디 곳곳에 생긴 눈들도 잘라 꽂아 준다.

② 뿌리목에 생긴 포기는 나누어 심고 줄기 끝에 붙은 포기는 줄기를 잘라 심는다.

	1월	2월	3월	4월	5월	6월	7월	8월	9월	10월	11월	12월
어미포기												
씨												
거름												
늘리기												

290

늘푸른 잎

석위

Pyrrosia lingua (Thunb.) Farw.

과명 고란초과 | **약이름, 다른 이름** 금배다시(金背茶匙), 비도검(飛刀劍) | **생육상** 늘푸른 여러해살이풀(상록 다년초) | **사는 곳** 제주도와 남부 지방의 늘푸른나무 밑 바위 곁에서 자란다. | 높이 10~40cm

베란다·꽃밭

심기

일반적인 분에 야생화를 심듯 심거나 돌, 접시 모양의 넓은 분에 흙을 바르고 심는다. 심을 때 뿌리줄기가 밖으로 살짝 보이게 심는다. 뿌리줄기는 자라면서 저절로 밖으로 튀어나온다. 여러 가지 방법으로 다양하게 심어 멋진 모습을 연출할 수 있으나 포기를 이리저리 옮겨 너무 힘들게 하면 한참동안 자라는 것이 멈추어 버리므로 주의한다. 심은 뒤에는 뿌리가 내리면서 안정을 찾을 동안 물이 마르지 않게 하는 것이 중요하다.

꽃밭에 내놓은 석위 화분은 된서리가 내리기 전에 서리를 피할 수 있는 곳으로 옮긴다. 겨울에 아주 따뜻하게 해줄 필요는 없으며 얼지 않는 곳에 두기만 하면 된다.

햇빛

밝은 그늘에 두었다가 안정이 되면 햇빛의 양을 점점 늘려 준다. 자리를 잡으면 5시간 이상 비치는 햇빛 아래서도 잘 자란다.

물주기

물이 마르면 새로 생긴 눈이 제대로 자라지 못한다. 항상 물기가 충분히 있어야 새 잎이 잘 돋아난다.

거름주기
봄, 가을에 물거름을 묽게 희석하여 매주 한 번 정도 뿌린다.

늘리기
포기나누기
4월 중순, 9월 중순 무렵 뿌리줄기에 잎 3~5장을 붙여 나누어 심는다. 포기는 재빨리 조심스럽게 옮겨 심고 물을 흠뻑 준 다음 그늘에 둔다. 한 달 정도 지나면 눈이 완전한 잎으로 자란다. 남향이나 동남향의 베란다 창가에서 기르기 좋은 식물이므로 넓은 접시 모양의 화분에 심어 기르면 좋다. 분갈이는 여러 해 동안 해주지 않아도 된다.

홀씨(무성번식)
자생지에서는 홀씨번식이 가능하지만 화분에 심어 기를 때는 어렵다. 홀씨가 날아가 다른 화분에서 자라는 것을 우연히 볼 때가 있다.

	1월	2월	3월	4월	5월	6월	7월	8월	9월	10월	11월	12월
어미포기	●	●		⚘	⚘	⚘			⚘	⚘		●
거름				●	●				●	●		
늘리기				🪴	🪴				🪴			
두는 곳					▲	▲	▲	▲				

부처손

Selaginella tamariscina (P. Beauv.) Spring

과명 부처손과 | **약이름, 다른 이름** 권백(卷柏), 만년초(萬年草), 지측백(地側柏), 바위손, 바우손, 풀뿌시 | **생육상** 늘푸른 여러해살이풀(상록 다년초) | **사는 곳** 산과 들의 바위 겉에서 잘 자란다. | **높이** 20cm 안팎

 베란다

심기
넓은 화분에 마사토와 거친 부엽토 등을 섞어 심는다. 기왓장이나 모양 좋은 돌 사이에 앉히고 싶을 때는 돌에 차진 흙을 붙여 심은 다음 물을 자주 주어 포기가 마르지 않게 한다. 종종 돌 사이에 부처손만 달랑 얹어 놓았다가 잎이 펴지지 않으면 내다 버리는 것을 볼 수 있는데, 이럴 때는 수반이나 넓고 오목한 접시에 물을 담고 부처손을 심은 돌을 올려놓는다.

햇빛
종일 햇빛이 드는 곳에 두어야 잎이 길게 늘어나지 않는다.

물주기
잎이 둥글게 말리면 곧 물을 준다. 너무 마른 포기는 한꺼번에 흠뻑 주기보다는 가랑비에 옷 젖듯 조금씩 주고 잎이 펴지면 시원하게 흠뻑 준다.

거름주기
꽃밭에 심은 것은 거름을 줄 필요가 없고, 돌 위에 앉히거나 화분에 심은 것은 봄, 가을에 물거름을 묽게 희석하여 매달 한 번씩 뿌려 준다.

심기
하루 종일 햇빛이 들고 물이 잘 빠지는 곳이면 흙을 가리지 않고 잘 자란다. 자리가 낮으면 일반 흙을 써서 땅을 돋운 다음 포기를 앉히듯 심되 너무 얕게 심지 말고 뿌리목 부분이 묻힐 정도로 흙을 덮어 준다. 어린포기가 여럿 생겨나 부처손이 자리를 잡으면 고산식물이나 포자식물을 사이사이에 심어도 좋다.

늘리기
포기나누기
2~3년 가꾼 묵은 포기를 나누어 심는다.

꺾꽂이
장마철에 저절로 떨어지는 가지나 한창 자라는 가지 하나를 어미포기 주변이나 부엽토에 꽂으면 곧 뿌리가 내리고 1년 뒤면 아주 조그만 새끼 부처손의 모양을 이룬다. _그림 ①

홀씨(무성번식)
1년 이상 자란 가지는 7~9월에 홀씨주머니를 만들고, 다 자란 홀씨는 터져 나가 싹을 틔운다. 장마철에 어린 새끼를 옮겨 심는다. _그림 ②

① 한창 잘 자랄 때의 부처손 가지의 뒷면

② 홀씨가 새싹이 되는 과정. 홀씨는 이듬해
8월 5mm 안팎의 어린 새끼로 자란다.

	1월	2월	3월	4월	5월	6월	7월	8월	9월	10월	11월	12월
어미포기	🌱	🌱	🌱	🌱	🌱							🌱
거름				●	●				●			
늘리기				🪴	🪴	🪴						

콩짜개덩굴

Lemmaphyllum microphyllum C. Presl

과명 고란초과 | **약이름, 다른 이름** 소엽복석궐(小葉伏石蕨) | **생육상** 늘푸른 여러해살이풀(상록 다년초) | **사는 곳** 제주도와 남부 지방의 숲 속 그늘 바위 겉이나 늙은 나무껍질 등에 붙어 자란다. | **높이** 2~4cm

심기
콩짜개덩굴은 분이나 돌의 모양을 그대로 살려 주므로 분이나 돌은 생김새가 빼어나고 간결하게 생긴 것으로 고르는 것이 좋다. 물이 잘 빠지도록 분 바닥에 콩알 크기의 마사토를 깔고 혼합토나 부엽토에 마사토를 섞은 흙으로 분을 채운 다음 콩짜개덩굴을 앉히고 가장자리를 남은 흙으로 메워 준다. 심는 흙은 경험이 풍부하면 다양하게 시도해 볼 수 있다. 처음 시작하는 사람도 무난하게 기를 수 있는 식물로 공간을 크게 차지하거나 강한 햇빛을 요구하지 않으며, 귀여운 모습이어서 아주 까다로운 성품을 가진 사람이 아니라면 누구나 친숙하게 여길 수 있다.

햇빛
아침 햇빛이 드는 곳에서 잘 자라지만 그늘에서도 잘 자란다. 그늘에 두면 대신 줄기가 길어지고 잎이 드문드문 달린다.

물주기
물을 좋아하므로 겉흙이 마르면 곧 준다.

거름주기

봄, 가을에 물거름을 묽게 희석하여 준다. 영양잎이 너무 커지면 거름의 양을 줄이거나 잠깐 끊는다.

늘리기

포기나누기

포기가 크게 자라 기는줄기가 분 밖으로 벋어 나오면 포기를 몇 조각으로 나누어 심는다. 10일 정도면 기는줄기에서 생겨난 어린영양잎이 어미영양잎으로 자란다. _그림 ①

① 어린영양잎은 10일 전후로 성숙한 영양잎으로 자란다.

홀씨

6~7월에 홀씨잎이 많이 생기고 대개 11월부터 홀씨주머니에서 성숙한 홀씨가 나와 날리기 시작한다. 홀씨는 영양잎 위에 노랗게 내려앉거나 바람을 타고 여기저기로 날아간다. _그림 ② 홀씨를 모두 날려 보낸 잎은 영양잎과 마찬가지로 누렇게 마른다.

② 11월부터 홀씨잎의 홀씨가 성숙하여 날린다.

	1월	2월	3월	4월	5월	6월	7월	8월	9월	10월	11월	12월
어미포기	♣	♣	♠	♠	♠				♠	♠		♣
거름				●	●				●	●		
늘리기				⌂	⌂				⌂			
두는 곳				◤	◤	◤	◤	◤	◤	◤		

| 용어풀이 |

거름주기 – 시비
거짓알줄기 – 위구경, 벌브(bulb)
겉흙 – 분토
구슬눈 – 주아
깃꼴 – 우상
꽂이상자 – 삽목상
꽃가루받이 – 수정
꽃눈 – 화아
꽃덮이조각 – 화피열편
꽃이 피다 – 개화
나무처럼 굳어짐 – 목질화
눈 – 아(맹아, 잠아)
늘리기 – 번식
늘푸른 여러해살이풀 – 상록 다년초
닫힌꽃 – 폐쇄화
덩이줄기 – 괴경
덮는 흙, 흙을 덮다 – 복토
땅가림 – 기지
땅속줄기 – 지하경
모종 – 묘(苗)
물거름 – 액비
물이끼 – 수태
물지님 – 보수력
바닥덮기 – 멀칭(mulching)
버팀대 – 지주
비늘조각 – 인편

비늘줄기 – 인경
뿌리순 – 흡지
사는 곳 – 분포지
새순 – 신초
새잎 – 신엽
숨구멍 – 기공
씨를 받는 때 – 채종시기, 채종기
씨를 받다 – 채종
씨뿌림상자 – 파종상
씨뿌림흙 – 상토
알줄기 – 구경
엄지잎줄 – 주맥
열매가 여물다, 열매가 익다 – 결실
열매살 – 과육
이어짓기 – 연작
익다, 익는다 – 완숙
잎겨드랑이 – 엽액
잎눈 – 엽아
잎이 지는 나무 – 낙엽수
자란다 – 자생한다
자리 – 장소
잠 – 휴면
턱잎 – 탁엽
펄흙 – 생명토
홀씨 – 포자
홀씨주머니 – 포자낭

• 한글, 한자 순으로 풀이함

299

| 찾아보기 |

가락지나물 · 121
각시붓꽃 · 161
감국 · 259
갯장구채 · 140
구슬봉이 · 175
구절초 · 257
금강아지풀 · 232
금낭화 · 132
기생여뀌 · 267
까치수염 · 188
깽깽이풀 · 163
꽃장포(돌창포) · 94
꽃향유 · 275
꽈리 · 91
꿀풀 · 179
노루귀 · 56
단풍취 · 195
닭의장풀 · 238
더덕 · 230
돌단풍 · 59
둥굴레 · 70
둥근바위솔 · 263
둥근잎꿩의비름 · 272
들현호색 · 127
등심붓꽃 · 236
땅채송화 · 123

말똥비름 · 125
매발톱꽃 · 150
무릇 · 227
물레나물 · 197
미나리아재비 · 113
민들레 · 105
바늘꽃 · 265
바위솔 · 254
배풍등 · 184
백작약 · 74
벌개미취 · 242
벌노랑이 · 201
범부채 · 218
복수초 · 98
봄맞이 · 62
부처손 · 294
붓꽃 · 177
비비추 · 234
뻐꾹채 · 157
산마늘 · 72
삼지구엽초 · 100
새우난초 · 145
석곡 · 85
석위 · 292
섬백리향 · 212
솜나물 · 65

솜방망이 · 111	참나리 · 210
수크령 · 247	초롱꽃 · 88
숫잔대 · 249	층꽃나무 · 280
쓴풀 · 283	콩짜개덩굴 · 297
애기기린초 · 119	큰개불알풀 · 168
애기봄맞이꽃 · 78	큰꽃으아리 · 115
앵초 · 129	큰애기나리 · 81
어수리 · 186	큰천남성 · 83
엉겅퀴 · 159	타래난초 · 215
연잎꿩의다리 · 155	털머위 · 261
왜솜다리 · 192	털중나리 · 208
용담 · 285	패랭이꽃 · 220
용머리 · 240	피나물 · 108
은방울꽃 · 67	하늘말나리 · 206
이질풀 · 225	한라부추 · 277
자금우 · 182	할미꽃 · 142
자란 · 135	해국 · 288
자운영 · 138	해란초 · 199
자주꿩의비름 · 269	홀아비꽃대 · 76
제비꽃 · 172	활나물 · 244
제비동자꽃 · 222	흰꽃장구채 · 190
제주양지꽃 · 103	흰양귀비 · 96
조개나물 · 166	
족도리풀 · 153	
쥐오줌풀 · 148	
참꽃마리 · 170	